Die Elektromotoren
in ihrer Wirkungsweise und Anwendung

Ein Hilfsbuch
für Maschinen-Techniker

Von

Karl Meller
Oberingenieur

Mit 111 Textfiguren

Berlin
Verlag von Julius Springer
1922

ISBN-13: 978-3-642-90095-2   e-ISBN-13: 978-3-642-91952-7
DOI: 10.1007/978-3-642-91952-7

Vorwort.

Die Forderung nach weitgehendster Wirtschaftlichkeit elektromotorischer Antriebe, welche selbst bei kleinen Arbeitsmaschinen gestellt wird, zwingt immer weitere Kreise, der Auswahl des Motors und der Durchbildung des Antriebes erhöhte Aufmerksamkeit zu schenken. Denn nur bei Ausnutzung aller Vorteile, die sich durch den Elektromotor erzielen lassen, kann die höchste Wirtschaftlichkeit erreicht werden. Die richtige Auswahl des Motors und die richtige Durchbildung des Antriebes setzen aber eine ausreichende Kenntnis der Wirkungsweise und der Anwendungsmöglichkeit von Elektromotoren voraus.

Das vorliegende Hilfsbuch soll dem Nicht-Elektriker, vor allem dem Maschinentechniker die Möglichkeit geben, sich über alle grundlegenden Gesichtspunkte, die für die Durchbildung eines wirtschaftlichen Antriebes in Frage kommen, einen guten Überblick zu verschaffen. Es soll ihn sowohl beim Entwurf der Arbeitsmaschinen, als auch bei deren Aufstellung in sachgemäßer Weise beraten.

Als Einleitung des Hilfsbuches sind die allgemeinen Grundlagen der Elektrotechnik behandelt. Der zweite Abschnitt bringt das Wesentlichste über die Eigenart und den Aufbau der gebräuchlichsten Motoren. In den nachfolgenden Abschnitten wird die richtige Auswahl, Anwendung und Anordnung der Elektromotoren behandelt.

Die außerordentliche Mannigfaltigkeit von Arbeitsmaschinen zwang dazu, nur Beispiele von besonderer Eigenart zu behandeln. Doch wurde eine Darstellung angestrebt, die auch eine sinngemäße Übertragung auf andere Arbeitsmaschinen ermöglichen dürfte.

Der Verlagsbuchhandlung möchte ich auch an dieser Stelle für das freundliche Entgegenkommen hinsichtlich drucktechnischer Ausstattung meinen verbindlichsten Dank aussprechen.

Siemensstadt, im Februar 1922.

Karl Meller.

Inhaltsverzeichnis.

I. Allgemeine Grundlagen der Elektromotoren.

II. Elektromotoren.

III. Antriebe.

A. Transmissionsantriebe.

B. Einzelantrieb.

C. Allgemeine Grundlagen für die Projektierung.

I. Allgemeine Grundlagen der Elektromotoren.

A. Gleichstrom.

1. Spannung und Strom.

Für den Ablauf eines elektrischen Vorganges (z. B. für das Aufleuchten einer Glühlampe oder den Anlauf eines Motors) ist das Vorhandensein eines elektrischen Unterschiedes Vorbedingung. Zum Vergleich kann auf den Wärmeunterschied zweier Körper, auf den Druckunterschied zweier unter verschiedenem Druck stehenden Luftbehälter, auf den Höhenunterschied zweier verschieden hoch angebrachter Wasserbehälter hingewiesen werden. Der elektrische Unterschied wird als elektrische Spannung, oder kurzweg als Spannung, bezeichnet und in Volt gemessen. Die Spannung kann auf elektrochemischen Wege (Elemente oder Batterie) oder auf mechanischem Wege (Dynamomaschine) erzeugt werden. Ähnlich wie bei der Wärme von dem wärmeren zu dem kälteren Stoff, bei dem Druckkessel von dem höheren zu dem niederen Druck, bei dem Wasserbehälter von dem höheren zu dem tieferen Wasserspiegel ein Ausgleich, ein Strömen stattfindet, sobald ein Verbindungs- oder Ausgleichsweg vorhanden ist, ebenso wird, sobald eine elektrische Spannung vorhanden ist, ein elektrischer Ausgleich stattfinden. Man sagt dann: Der elektrische Strom fließt von dem höheren Potential (dem positiven Pol) zum niederen (dem negativen Pol). Die Stromstärke, die in der Zeiteinheit durch den Querschnitt des Verbindungsleiters fließt, wird in Ampère gemessen. Der Strom, der aus einer Silberlösung 1,118 mg Silber i. d. Sek. ausscheidet, hat laut den gesetzlichen Bestimmungen die Einheitsstärke von 1 Amp.

Die Stromstärke ist außer von der Höhe der Spannung noch von dem Widerstand des Ausgleichsweges abhängig. Zum Vergleich sei an die beiden Wasserbehälter erinnert, bei denen die in der Sekunde durch ein Verbindungsrohr hindurchfließende Wassermenge außer von dem Höhenunterschied noch von dem Widerstand dieser Rohrleitung abhängig ist. Als Maßeinheit für den elektrischen Widerstand ist das Ohm festgelegt und zwar durch den Widerstand eines Quecksilberfadens von 105,3 cm Länge und 1 qmm Querschnitt. Für die Bestimmung der elektrischen Stromstärke gelten folgende Beziehungen:

Bezeichnet

$$E = \text{Spannung in Volt,}$$
$$J = \text{Stromstärke in Amp.,}$$
$$R = \text{Widerstand in Ohm,}$$

so ist

$$J = \frac{E}{R}\,.$$

Diese Gleichung wird das Ohmsche Gesetz genannt und ist ein Grundgesetz der Elektrotechnik. Da die Einheit für die Stromstärke und für den Widerstand festgelegt ist, so ist durch das Ohmsche Gesetz auch die Einheit für die Spannung bestimmt. Setzen wir in die vorstehende Gleichung für den Wert $J = 1$ und für den Wert $R = 1$, so wird auch $E = 1$, d. h. die Spannung, die bei einem Widerstand von 1 Ohm die Stromstärke von 1 Amp. erzeugt, hat die Größe von 1 Volt. Um einen Begriff von den praktisch vorkommenden Werten der Spannung und Stromstärke zu bekommen, seien folgende Beispiele erwähnt:

Die Spannung der gebräuchlichen Elemente beträgt je nach deren chemischen Zusammensetzung etwa 0,5—2 Volt.

Die gebräuchlichste Spannung für elektrische Beleuchtung ist meistens 110 und 220 Volt, die gebräuchlichste Spannung für Kraftbetriebe 110, 220 und 440 Volt, diejenige für Bahnbetriebe 500 bis 1200 Volt.

Höhere Spannungen sind bei Gleichstromanlagen nicht gebräuchlich. Werden solche erforderlich, so geht man zu Wechselstrom über (vgl. Abschnitt B). Die Größe der Stromstärke richtet sich nach der Größe der Anlage.

Eine Glühlampe von 25 Normalkerzen verbraucht bei 220 Volt etwa 0,2 Amp., eine Bogenlampe je nach Größe 4—10 Amp., ein Motor von 10 kW Leistung bei 220 Volt etwa 55 Amp.

Besonders große Stromstärke findet man in elektro-chemischen Anlagen. So kann z. B. die von den Siemens-Schuckert-Werken in Chile gebaute Anlage, mit der auf elektrolytischem Wege Kupfer aus den Erzen gewonnen wird, insgesamt 10 600 Amp. bei einer Spannung von 220 Volt abgeben.

2. Arbeit und Leistung.

Wird ein Gewicht gehoben, so wird eine Arbeit geleistet. Zur Verrichtung dieser Arbeit kann ein Elektromotor verwandt werden, indem z. B. eine Winde, ein Aufzug usw. durch einen Elektromotor angetrieben wird, dem eine gewisse Spannung und Stromstärke zugeführt werden muß. Demnach stellt das Produkt aus Spannung $\times$ Stromstärke $\times$ Zeit einen Wert für die Arbeit dar. In der Mechanik drückt man die Arbeit durch mkg oder PS-Sekunden aus. Die Einheit für die elektrische

Arbeit ist das Joule, und zwar ist dies diejenige Arbeit, die geleistet wird, wenn bei einer Spannung von 1 Volt eine Stromstärke von 1 Amp. eine Sekunde lang fließt.

Es ist dann
$$A = E \cdot J \cdot t \cdot \text{Joule.}$$

In der Praxis mißt man die elektrische Arbeit jedoch nicht nach Joule, sondern nach Wattsekunden; und zwar ist

$$1 \text{ Joule} = 1 \text{ Wattsekunde.}$$

Wir hätten also den Ausdruck

$$A = E \cdot J \cdot t \text{ Wattsekunden.}$$

Aus der Einheit für die elektrische Arbeit kann auch die für die elektrische Leistung abgeleitet werden.

Ist
$$A = E \cdot J \cdot t,$$

so ist die Leistung

$$N = \frac{A}{t} = E \cdot J \text{ Joule/Sek. oder Watt.}$$

Die Einheit der elektrischen Leistung ist also dann gegeben, wenn bei einer Spannung von 1 Volt ein Strom von 1 Amp. fließt. Diese Einheit ist dann 1 Joule/Sek. oder 1 Watt. Da diese Einheit für größere Werte zu klein ist, so hat man für Arbeit und Leistung noch folgende Einheiten:

1 Kilowatt (kW) = 1000 Watt,
1 Kilowattstunde (kWh) = 1000 Wattsekunden $\cdot$ 3600 = 3,6 $\cdot$ 10^6 Wattsekunden.

Da die Beziehung besteht

1 Joule = 0,102 mkg = 0,24 gkal.,

so sind

1 Watt = 0,102 mkg/Sek.,
1 Kilowatt = 102 mkg/Sek. = 1,36 PS,
1 Kilowattstunde = 1,36 PS-Stunden,
1 mkg/Sek. = 9,81 Watt,
1 PS = 0,736 kW,
1 PSh = 0,736 kWh.

Ein Elektromotor soll z. B. an seinem Wellenstumpf eine gleichbleibende Leistung $N = 10$ PS 2 Stunden lang abgeben. Beträgt sein Wirkungsgrad bei dieser Belastung 80%, so würde die aufgenommene Leistung

$$N_1 = \frac{N}{\eta} = \frac{10}{0,80} = 12,5 \text{ PS}$$

oder
$$N_1 = 12,5 \cdot 0,736 = 9,2 \ \text{kW}$$
betragen.

Ist die Spannung an den Klemmen des Motors 220 Volt, so würde der Motor einen Strom von
$$J = \frac{N_1 \, (\text{kW})}{E} \cdot 1000 = \frac{9,2}{220} \cdot 1000 = 41,82 \ \text{Amp}.$$
aufnehmen.

Die gesamte Energieaufnahme während einer zweistündigen Arbeitszeit würde dann ausmachen
$$A = 9,2 \cdot 2 = 18,4 \ \text{kWh},$$
oder
$$A = \frac{220 \cdot 41,82}{1000} \cdot 2 = 18,4 \ \text{kWh}$$
oder
$$A = \frac{10}{0,80} \cdot 0,736 \cdot 2 = 18,4 \ \text{kWh}.$$

Kostet die kWh 1,0 M., so würden die reinen Betriebskosten des Motors für die 2 Stunden
$$18,4 \cdot 1,0 = 18,4 \ \text{M}.$$
betragen.

3. Widerstand des Leiters.

Der Widerstand des Leiters ist von seiner Länge, seinem Querschnitt und von seinem Material, in geringerem Maße auch von seiner Temperatur, abhängig. Bedeutet:

l die gesamte Länge eines Leiters in Metern,
q den Querschnitt in qmm und
ϱ einen Festwert,

so ergibt der Versuch
$$R = \varrho \cdot \frac{l}{q} \ \text{Ohm}.$$

Der Wert ϱ ändert sich bei den einzelnen Stoffen. Er wird ausgedrückt durch den Wert des Widerstandes eines Drahtes von der Einheit der Länge und der Einheit des Querschnittes und wird als spezifischer Widerstand bezeichnet. So haben nachstehende Metalle folgenden spezifischen Widerstand:

Kupfer	0,017
Aluminium	0,029
Eisendraht	0,12
Nikelin	0,2—0,4

Setzt man in die Gleichung $A = E \cdot J \cdot t$ für $E = J \cdot R$, so werden die Wärmeverluste in Wattsekunden

$$A = J^2 \cdot R \cdot t.$$

Für das gewählte Beispiel würde sich ergeben

$$\begin{aligned}
A = 11^2 \cdot 10 \cdot 10 \cdot 60 &= 726\,000 \text{ Wattsekunden} \\
&= 726 \text{ kW-Sekunden} \\
&= 726 \cdot 240 = 17{,}424 \cdot 10^4 \cdot \text{gkal.}
\end{aligned}$$

Die Strom-Wärmeverluste müssen bei der Durchbildung der elektrischen Maschinen und Apparate berücksichtigt werden. Besonders muß bei Maschinen, bei denen fast immer viele Lagen Draht übereinander aufgewickelt werden, für gute Wärmeabfuhr durch Anordnung von großen Abkühlungsflächen und durch gute Luftzirkulation gesorgt werden. Wo dies nicht der Fall ist, oder wo infolge großer andauernder Überlastung unzulässige Wärmeverluste auftreten, wird die Temperatur des Motors immer mehr ansteigen, bis eine Zerstörung der Wicklung eintritt.

5. Magnetismus.

Die Eigenschaft gewisser Eisenerze, in ihrer Nähe befindliche Eisenteile anzuziehen, wird als Magnetismus bezeichnet. Der Bereich dieser Kraftwirkung ist das magnetische Kraftfeld, welches von magnetischen Feldlinien durchsetzt ist. Dabei besteht die Annahme, daß die Feldlinien außerhalb des Magneten vom Nordpol zum Südpol verlaufen.

Dieselben magnetischen Feldlinien entstehen auch um einen vom Strom durchflossenen Leiter; sie können dadurch kenntlich gemacht werden, daß auf eine Papierebene, durch welche senkrecht ein vom

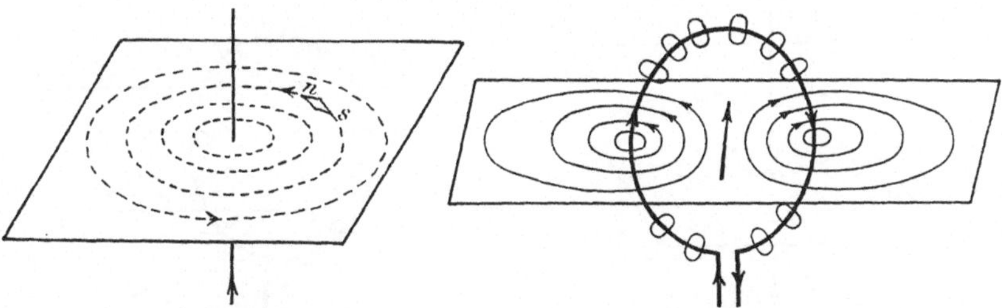

Fig. 1. Feldlinien eines Stromleiters.   Fig. 2. Feldlinien einer Schleife.

Strom durchflossener Leiter hindurchgeführt wird, feine Eisenfeilspäne gestreut werden. Wird dabei das Papier leicht geschüttelt, so ordnen sich die Eisenfeilspäne in Form von konzentrischen Kreisen. Der Verlauf der Feldlinien ist in der Fig. 1 angedeutet. Naturgemäß

Setzt man in die Gleichung $A = E \cdot J \cdot t$ für $E = J \cdot R$, so werden die Wärmeverluste in Wattsekunden

$$A = J^2 \cdot R \cdot t.$$

Für das gewählte Beispiel würde sich ergeben

$$A = 11^2 \cdot 10 \cdot 10 \cdot 60 = 726\,000 \text{ Wattsekunden}$$
$$= 726 \text{ kW-Sekunden}$$
$$= 726 \cdot 240 = 17{,}424 \cdot 10^4 \cdot \text{gkal.}$$

Die Strom-Wärmeverluste müssen bei der Durchbildung der elektrischen Maschinen und Apparate berücksichtigt werden. Besonders muß bei Maschinen, bei denen fast immer viele Lagen Draht übereinander aufgewickelt werden, für gute Wärmeabfuhr durch Anordnung von großen Abkühlungsflächen und durch gute Luftzirkulation gesorgt werden. Wo dies nicht der Fall ist, oder wo infolge großer andauernder Überlastung unzulässige Wärmeverluste auftreten, wird die Temperatur des Motors immer mehr ansteigen, bis eine Zerstörung der Wicklung eintritt.

5. Magnetismus.

Die Eigenschaft gewisser Eisenerze, in ihrer Nähe befindliche Eisenteile anzuziehen, wird als Magnetismus bezeichnet. Der Bereich dieser Kraftwirkung ist das magnetische Kraftfeld, welches von magnetischen Feldlinien durchsetzt ist. Dabei besteht die Annahme, daß die Feldlinien außerhalb des Magneten vom Nordpol zum Südpol verlaufen.

Dieselben magnetischen Feldlinien entstehen auch um einen vom Strom durchflossenen Leiter; sie können dadurch kenntlich gemacht werden, daß auf eine Papierebene, durch welche senkrecht ein vom

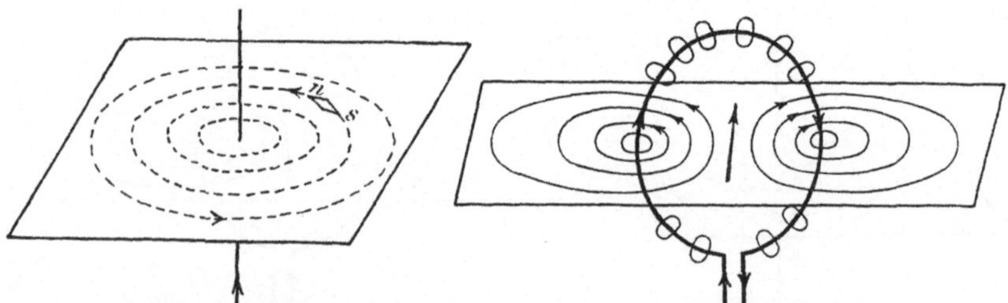

Fig. 1. Feldlinien eines Stromleiters.   Fig. 2. Feldlinien einer Schleife.

Strom durchflossener Leiter hindurchgeführt wird, feine Eisenfeilspäne gestreut werden. Wird dabei das Papier leicht geschüttelt, so ordnen sich die Eisenfeilspäne in Form von konzentrischen Kreisen. Der Verlauf der Feldlinien ist in der Fig. 1 angedeutet. Naturgemäß treten diese Feldlinien nicht nur an einer Stelle des Leiters auf, sondern sie sind über seine ganze Länge verteilt. Ihr Verlauf ist durch die Richtung des Stromes bestimmt und zwar gibt die sog. Ampèresche Schwimmregel an: Denkt man sich in der Richtung des Stromleiters schwimmend und sieht nach einer im Bereich des magnetischen Feldes angebrachten Magnetnadel, so erscheint der Nordpol nach links abgelenkt.

Biegt man den stromdurchflossenen Leiter zu einer Schleife (vgl. Fig. 2), so werden nunmehr durch die Schleife die magnetischen Feldlinien in einer Richtung durchgehen. Mehrere solcher Schleifen nebeneinander angeordnet (vgl. Fig. 3) geben eine Spule und die Feldlinien der einzelnen Leiter verlaufen nunmehr hauptsächlich durch die Spule und schließen sich außen. Wird

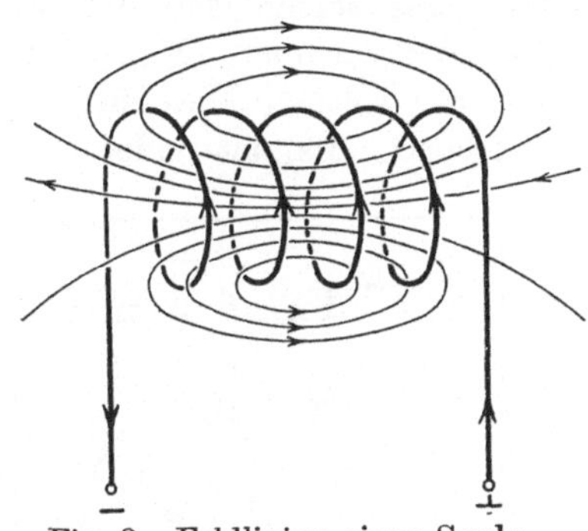

Fig. 3. Feldlinien einer Spule.

in eine solche Spule ein Eisenstab eingeschoben, so wird das Eisen die Eigenschaften eines Magneten annehmen. An dem Ende des Eisenstabes, an welchem die Feldlinien aus dem Eisen austreten, ist dann ein Nordpol, an dem Ende, an dem sie wiederum von außen eintreten, ein Südpol. Solche Spulen zum Erzeugen eines magnetischen Feldes sind an allen elektrischen Maschinen vorhanden, beispielsweise als sog. Erreger- oder Feldspule.

6. Elektrodynamisches Prinzip.

Wird ein Leiter zwischen einem Nordpol und einem Südpol so bewegt, daß er die vom Nord- zum Südpol verlaufenden Feldlinien des magnetischen Feldes schneidet (vgl. Fig. 4), so wird in ihm eine elektrische Spannung erzeugt (induziert). Verbindet man die beiden Enden des Leiters durch einen Draht, so

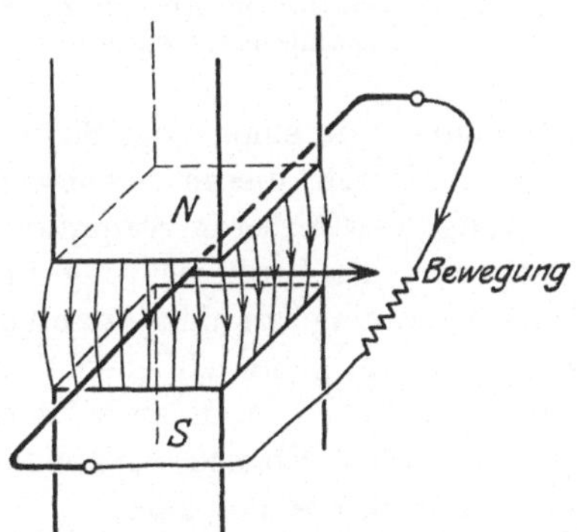

Fig. 4. Schematische Darstellung eines in einem magnetischen Felde bewegten Leiters.

wird in diesem Stromkreis ein Strom fließen, dessen Größe von der erzeugten Spannung und von dem Widerstand des Stromkreises abhängig ist. Die Spannung zwischen den Drahtenden ist wiederum abhängig von der Stärke des magnetischen Feldes, von der Länge des Leiterstückes, das sich innerhalb des Feldes bewegt, und von der Geschwindigkeit, mit welcher dieser Leiter in senkrechter Richtung das Feld schneidet. Auf dieser Wechselwirkung zwischen einem magnetischen Feld und einem Leiter beruht die Wirkungsweise aller Maschinen, bei welchen mechanische Energie in elektrische Energie umgewandelt wird. Eine solche Maschine wird als Stromerzeuger, Generator oder Dynamo bezeichnet. Fig. 5 veranschaulicht den grundsätzlichen Aufbau einer solchen Maschine. Die wesentlichen Bestandteile sind das feststehende Magnet- oder Polgehäuse und der drehbare Anker. Der magnetische Kraftfluß wird von zwei Elektromagneten erzeugt. In dem magnetischen Feld bewegen sich die Leiter, welche auf einem zylindrischen Körper, dem Anker, befestigt sind. Wird dieser Anker gedreht, so schneiden die Leiter das Feld, wodurch in ihnen eine Spannung induziert wird. Da sich aber die Polarität der Drahtenden ändert, je nach dem, ob sich der Leiter unter dem Nordpol oder dem Südpol vorbei bewegt, so ist es erforderlich, die Enden

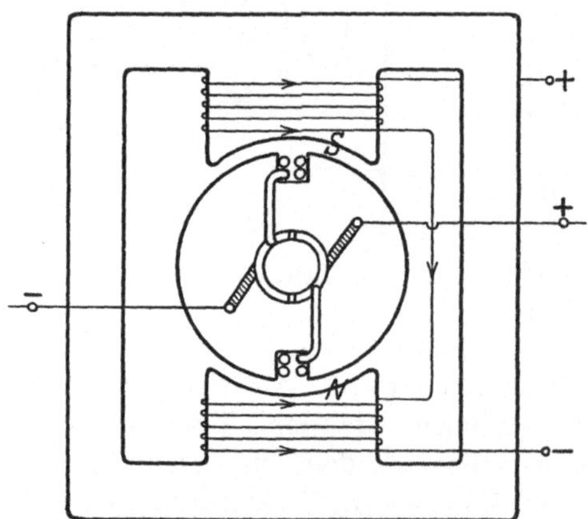

Fig. 5. Schematischer Aufbau einer elektrodynamischen Maschine.

des Leiters an einen sog. Stromwender (Kommutator, Kollektor) zu führen. Durch diesen Stromwender wird erreicht, daß die Stromrichtung des äußeren Stromkreises immer die gleiche bleibt, auch wenn sich die Stromrichtung im Anker ändert. Um eine genügend hohe Spannung an den Drahtenden zu erhalten, ist es mit Rücksicht auf die gebräuchlichen Spannungen erforderlich, den Draht in mehreren Lagen und zwar über den ganzen Umfang des Ankers aufzuwickeln. Ebenso verwendet man meist nicht nur ein Polpaar, sondern mehrere Polpaare.

Das an den Klemmen der Maschine abgegebene Produkt aus Strom und Spannung entspricht der elektrischen Leistung. Um diese zu erzeugen, muß eine entsprechende mechanische Leistung aufgewendet werden. Bei einem Wirkungsgrad = 1 würde die zur Bewegung des Leiters in einem magnetischen Felde erforderliche Leistung durch den Wert $N = E \cdot J$ gegeben sein. Tatsächlich ist aber der Wirkungsgrad aller Dynamomaschinen stets kleiner als 1, so daß immer eine entsprechend größere Leistung zum Antrieb der Dynamomaschine aufgewendet werden muß, als dem Produkt aus Stromstärke $\times$ Spannung entspricht.

In analoger Weise kann auf Grund des elektrodynamischen Prinzips elektrische Energie in mechanische umgewandelt werden. Hierbei wird der in einem magnetischen Felde ruhende Leiter an eine äußere Stromquelle angeschlossen. Dadurch entstehen um den Leiter magnetische Feldlinien, die mit denen des vorhandenen Feldes teils gleichgerichtet, teils entgegengesetzt verlaufen (Fig. 6a). Aus dieser Wechselwirkung entsteht ein resultierendes ungleichförmiges Feld (Fig. 6b), wodurch auf den Leiter eine Schubkraft in Richtung nach der geschwächten Seite des Feldes ausgeübt wird. Auf dieser gegenseitigen Einwirkung eines magnetischen Feldes und eines stromdurchflossenen Leiters beruht grundsätzlich die Wirkungsweise aller Maschinen, bei welchen elektrische Energie in mechanische umgewandelt wird, also das Prinzip aller Elektromotoren. Als grundlegend für den Aufbau der Motoren kann auch das Schema der Fig. 5 angesehen werden, wie jede Gleichstromdynamo grundsätzlich auch als Elektromotor verwendet werden kann. Die Wechselwirkung zwischen den vom Strom durchflossenen Leitern auf dem Anker und dem magnetischen Felde äußert sich als Schubkraft am Umfang des Ankers, wodurch seine Drehung hervorgerufen wird. Der Stromwender ist hier gleichfalls erforderlich, um die Stromrichtung in den Leitern zu ändern.

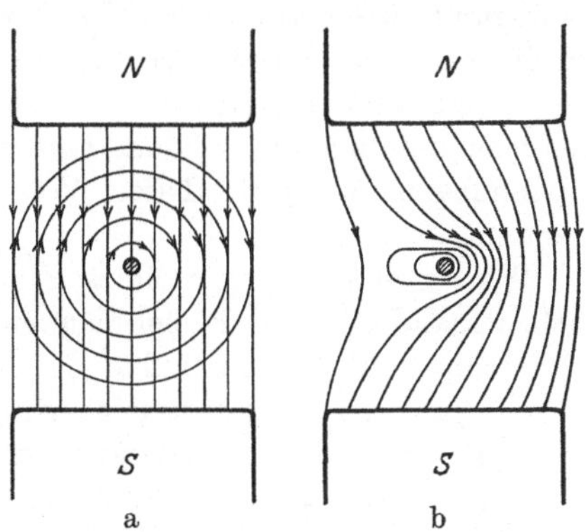

Fig. 6. Wechselwirkuug zwischen Stromdurchflossenem Leiter und Magnetfeld.

a) Feldlinien ohne gegenseitige Einwirkung.

b) Resultierendes Feld.

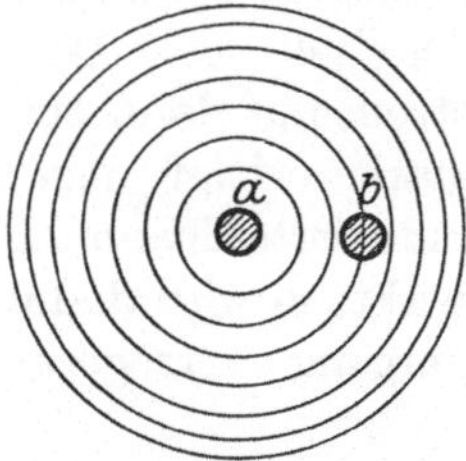

Fig. 7.
Gegenseitige Induktion.

7. Induktion.

Das Entstehen des magnetischen Feldes um einen vom Strom durchflossenen Leiter kann man sich so vorstellen, daß in dem Augenblick, in welchem der Strom von 0 anwächst, sich magnetische Kraftlinien konzentrisch um den Leiter ausbreiten, wie etwa die Wellenlinien um die Einwurfstelle eines Steines im ruhenden Wasser. Nimmt die Stromstärke im Leiter ab, so findet ein konzentrisches Zusammenziehen der Kraftlinien statt und zwar solange, bis beim Strom 0 die Kraftlinien vollständig verschwunden sind. Befindet sich innerhalb des Feldes des vom Strom durchflossenen Leiters a (Fig. 7) ein zweiter Leiter, so schneiden die magnetischen Kraftlinien beim Entstehen und beim Verschwinden des Stromes diesen zweiten Leiter b. Da nun jede Relativbewegung zwischen einem Leiter und einem Magnetfeld eine Spannung in diesem Leiter erzeugt, so werden beim Entstehen und Verschwinden der magnetischen Kraftlinien, die mit dem Anwachsen und Abnehmen des Stromes in dem Leiter a identisch sind, in dem Leiter b Spannungen induziert. Dieser Vorgang wird die gegenseitige Induktion genannt.

Wird nun der Leiter eines Stromkreises in mehreren Windungen nebeneinander, wie z. B. bei Magnetspulen, aufgewickelt, so findet beim Entstehen und Verschwinden des Stromes in dieser Spule ein gegenseitiges Schneiden der von den einzelnen Windungen erzeugten magnetischen Kraftlinien statt (vgl. Fig. 8). In der Zeichnung sind um die Kraftlinien einzelne Punkte des Leiters angedeutet. Tatsächlich bilden sich die Kraftlinien längs des ganzen Leiters. In den Windungen dieser Spule werden dann sinngemäß wie bei der gegenseitigen Induktion beim Entstehen und Verschwinden der Kraftlinien Spannungen induziert, die von der

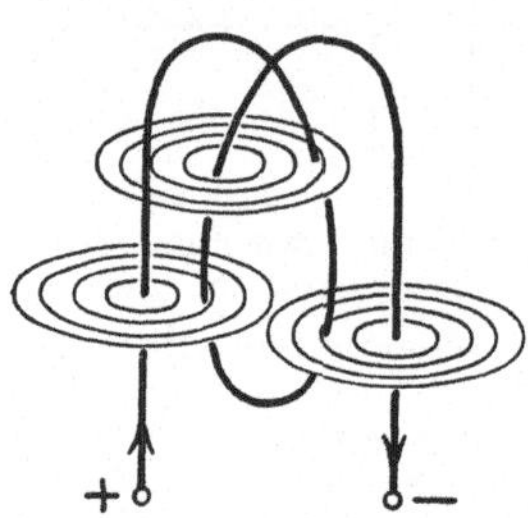

Fig. 8. Selbstinduktion.

äußeren Stromquelle unabhängig sind. Dieser Vorgang heißt Selbstinduktion. Es ergibt sich nun, daß bei zunehmendem Strom die durch die Selbstinduktion erzeugte Spannung der von außen zugeführten Spannung entgegengerichtet, bei abnehmendem Strom gleichgerichtet ist. Der Einfluß der Selbstinduktion kommt bei Gleichstrom nur dann zur Geltung, wenn eine schnelle Änderung der Stromstärke erfolgt, also hauptsächlich beim Ein- und Ausschalten. Da die induzierte Spannung beim Einschalten der äußeren Spannung entgegenwirkt, so wird dadurch das Anwachsen des Stromes, also der Einschaltvorgang, verzögert.

B. Weehselstrom.

8. Spannung, Strom und Frequenz.

Beim Wechselstrom ist ebenso wie beim Gleichstrom für einen elektrischen Vorgang das Vorhandensein einer Spannung erforderlich. Der Wert der Spannung ist aber bei Wechselstrom nicht gleichbleibend, sondern er ändert sich dauernd von 0 bis zu einem Höchstwert in positiver Richtung, hierauf bis zu seinem Höchstwert in negativer Richtung, um darauf wiederum auf 0 zurückzugehen. Zum besseren Vergleich möge die Vorstellung von 2 Wasserbehältern dienen (a und b der Fig. 9), die an einer über eine Rolle geführten Schnur hängen und durch ein Rohr verbunden sind. Wird der Behälter a gehoben, so kann sein Potential als positives, das von b als negatives bezeichnet werden und es wird ein Fließen von a nach b stattfinden. Werden beide Behälter auf gleiche Höhe gebracht, so wird der Unterschied zwischen a und b gleich 0, unter der Annahme, daß der Wasserspiegel in beiden Behältern gleich hoch ist. Wird der Behälter b gehoben, so wird b positiv, a negativ und es findet ein Strömen von b nach a statt. Werden die Behälter abwechselnd gehoben und gesenkt, so ändert sich dauernd das Potential zwischen den beiden Behältern und die Strömungsrichtung in der Verbindungsleitung. Analog sind die Verhältnisse beim Wechselstrom, insofern, als sich die Spannung zwischen 2 Klemmen einer Wechselstromquelle periodisch in Richtung und Größe ändert. In der Wechselstromtechnik findet fast immer ein sinusförmiger Verlauf der Änderungen statt. Wird der Augenblickswert e der Spannung über die Zeit t aufgetragen, so ergibt sich die in Fig. 10 wiedergegebene Kurve. Der Strom, der in einer Wechselstromleitung bei dem sinusförmigen Verlauf der Spannung fließt, hat, wenn der

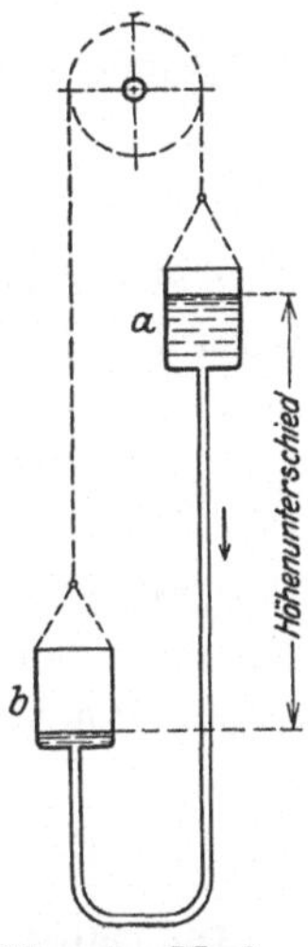

Fig. 9. Mechanische Darstellung des Wechselstromes.

Widerstand des Leiters zwischen den beiden Klemmen keine Induktion aufweist, denselben Verlauf wie die Spannung (vgl. Fig. 10). Der Strom wechselt also in sinusförmiger Form seine Stärke und seine Richtung. Die Zeit, innerhalb welcher ein Wechsel von 0 bis zum positiven Maximum, dann durch 0 bis zum negativen Maximum und wiederum bis 0 erfolgt, heißt volle Periode (T). Die Anzahl der Perioden in der Sekunde wird als Frequenz bezeichnet. In Deutschland ist allgemein eine Frequenz von 50 gebräuchlich.

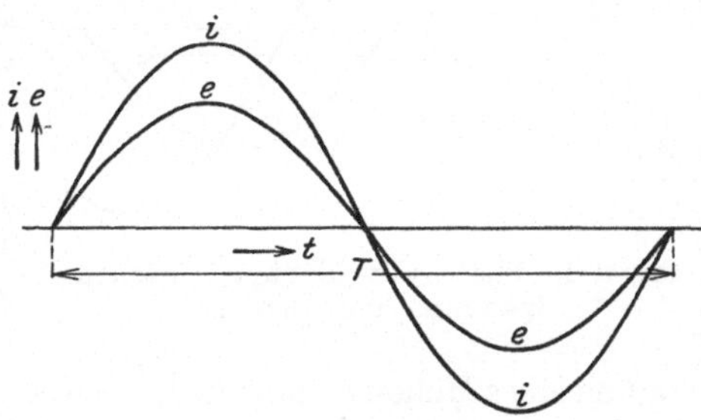

Fig. 10. Spannungs- und Stromkurve beim Wechselstrom.

9. Effektivwert.

Für die Bestimmung der Stromstärke bei Wechselstrom dient der Begriff des Effektivwertes. Der Effektivwert ist die Stromstärke, die gleichmäßig fließend die gleiche Stromwärme erzeugt wie der

Wechselstrom. Da sich der Wert von i beim Wechselstrom ändert, so ist die Stromwärme in dem Zeitraum T gegeben durch den Ausdruck $\int_0^T i^2 \cdot R \cdot dt$. Nun soll die erzeugte Stromwärme bei dem Effektivwert J dieselbe sein. Es ist daher

$$J^2 \cdot R \cdot T = \int_0^T i^2 \cdot R \cdot dt.$$

Wird der Zeitwert i der Stromstärke entsprechend dem sinusförmigen Verlauf $= i_m \sin. \alpha$ ($i_m =$ Scheitelwert der Stromstärke), so ergibt sich

$$J = \sqrt{\frac{1}{2\pi} \int_0^{2\pi} \cdot i_m^2 \cdot \sin^2 \alpha \cdot d\alpha} = \frac{i_m}{\sqrt{2}} = 0{,}707 \, i_m.$$

Der Effektivwert ist also bei sinusförmigem Verlauf das 0,707 fache des auftretenden Höchstwertes. Die gebräuchlichen Meßinstrumente zeigen unmittelbar den jeweiligen Effektivwert an.

10. Phasenverschiebung.

Die Selbstinduktion (vgl. Abschnitt 6) erzeugt eine Spannung, welche beim Entstehen der Kraftlinien dem anwachsenden Strom entgegenwirkt. Die Wirkung dieser Selbstinduktion zeigt sich bei Wechselstrom darin, daß eine Verschiebung des zeitlichen Verlaufs von Strom und Spannung eintritt. Um sich einen ähnlichen Fall in der Mechanik vorstellen zu können, sei auf die Anordnung nach Fig. 9 verwiesen, wobei man sich vorstellen kann, daß infolge des Widerstandes in den Verbindungsleitungen und der Trägheit der Materie erst nach einem gewissen Zeitraum nach Heben des einen Behälters, also nach Erzeugung eines Höhenunterschiedes, ein Ausgleichstrom auftritt. Je größer nun die Selbstinduktionswirkung, desto länger wird es dauern, daß nach Auftreten der Differenzspannung ein Stromfluß zustande kommt. Bei einer Selbstinduktion eilt die Spannung dem Strom voraus (vgl. Fig. 11). Es ist dann eine sog. Phasenverschiebung vorhanden, welche in Winkelgraden gemessen wird, wobei für die volle Periode ein Winkel von 360° angenommen wird. Die Größe der Phasenverschiebung richtet sich nach dem Verhältnis, das zwischen der Größe der Selbstinduktion und

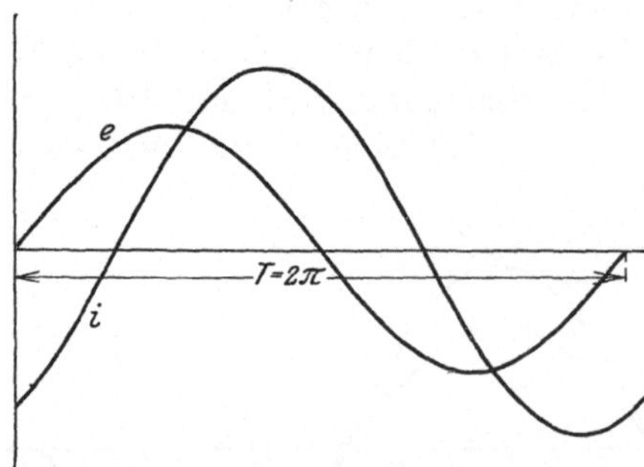

Fig. 11. Phasenverschiebung zwischen Spannung und Strom.

des Ohmschen Widerstandes in einem Stromkreis vorhanden ist. Ist nur Selbstinduktion vorhanden, dann ist der Winkel der Phasenverschiebung 90°. Ist nur Ohmscher Widerstand vorhanden, dann ist der Winkel 0°. In der Praxis ist fast immer Selbstinduktion und Ohmscher Widerstand gleichzeitig vorhanden, so daß sich ein Wert innerhalb dieser Grenzen ergibt.

Die Größe der Phasenverschiebung wird dabei in der Praxis nicht durch die Winkelgrade der Verschiebung, sondern durch den cos. φ des Winkels ausgedrückt. Man sagt also: Der cos. φ beträgt 1. Hierbei würde der Winkel 0° sein, also keine Phasenverschiebung erfolgen; oder der cos. φ ist 0,8, was einem Winkel von 36° entsprechen würde.

11. Arbeit und Leistung.

Das Produkt aus Strom und Spannung ist auch beim Wechselstrom ein Maß für die Leistung. Da sich die Größe des Stromes und der Spannung während einer Zeitperiode dauernd ändert, so wird dementsprechend auch der zeitliche Verlauf der Leistung nicht gleich bleiben. Um den Verlauf zu ermitteln, ist es erforderlich, für jeden Zeitpunkt den jeweiligen Momentanwert des Stromes mit dem jeweiligen Momentanwert der Spannung zu multiplizieren. Fig. 12 zeigt den Verlauf der Leistungskurve eines Wechselstromes, bei welchem Strom und Spannung die gleiche Phase haben. Bezeichnet man die über der Nullinie liegenden Werte als positiv, die unterhalb liegenden als negativ, so wird das Produkt der unterhalb der Nullinie liegenden negativen Werte nach dem Gesetz der Arithmetik positiv werden; die Kurve für die Leistung wird also, wenn Strom und Spannung gleichzeitig negativ sind, einen positiven Wert erhalten. Der Inhalt der schraffierten Fläche (Fig. 12) ist ein Maß für die Arbeit des Wechselstromes. Aus dieser Fläche kann

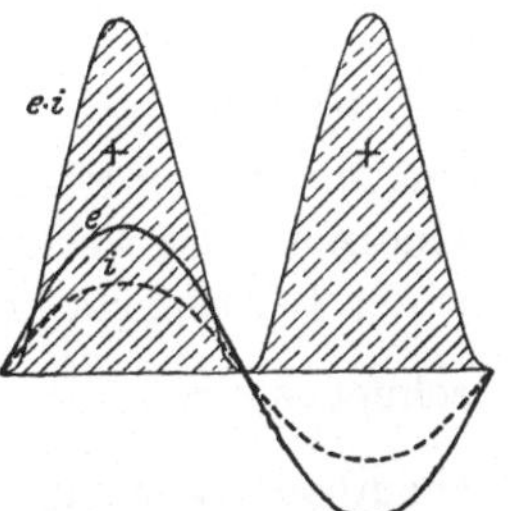

Fig. 12. Leistungskurve eines Wechselstromes ohne Phasenverschiebung.

die mittlere Leistung errechnet werden durch den Wert $N = \dfrac{1}{T}\displaystyle\int_0^T e \cdot i \cdot dt$

Watt. Diese mittlere Leistung wird vom Leistungszeiger angegeben, unabhängig von der Kurvenform.

Tritt eine Verschiebung zwischen Strom- und Spannungsverlauf ein, so wird dementsprechend auch der Verlauf der Leistung sich ändern. Dort, wo Strom und Spannung verschiedene Vorzeichen haben, ergibt sich eine negative Leistung (vgl. Fig. 13). Um in diesem Falle die

tatsächliche mittlere Leistung zu erhalten, müssen von den positiven
Arbeitsflächen die negativen abgezogen werden. Die Ableitung ergibt,
daß die tatsächliche Leistung abhängig ist von der Phasenverschiebung
und zwar ist

$$N = \frac{e_m \cdot i_m}{2} \cdot \cos \varphi.$$

Werden statt der Scheitelwerte die Effektiv-
werte eingesetzt, also

$$\frac{e_m}{\sqrt{2}} = E$$

und

$$\frac{i_m}{\sqrt{2}} = J$$

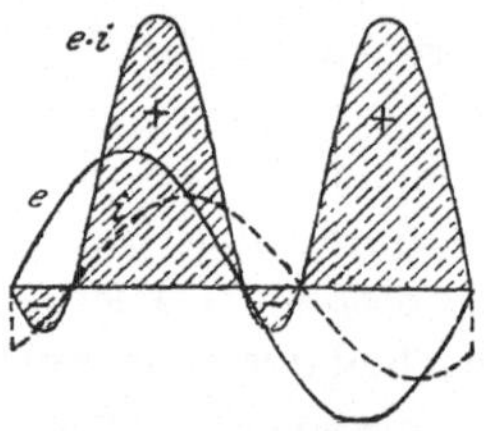

Fig. 13. Leistungs-
kurve eines Wechsel-
stromes mit Phasen-
verschiebung.

so wird die mittlere Leistung

$$N = E \cdot J \cdot \cos \varphi.$$

Das Produkt $E \cdot J$ ohne Berücksichtigung der Phasenverschiebung
wird als Scheinleistung bezeichnet und in Kilo-Volt-Ampère (kVA)
gemessen. Das Verhältnis der tatsächlichen Leistung zur Scheinleistung
ist der Leistungsfaktor. Für Sinuskurven wird der Leistungsfaktor berechnet zu $\cos \varphi = \dfrac{N}{E \cdot J}$. Ist die Phasenverschiebung 0, so ist die
scheinbare Leistung gleich der wirklichen; ist die Phasenverschiebung
90°, so wird die wirkliche Leistung gleich 0. Um die Verhältnisse zu
verstehen, sei folgendes Beispiel gebracht:

Ein Motor soll bei Vollast eine Phasenverschiebung $\cos \varphi = 0{,}7$
haben. Die aufgenommene Leistung würde, wenn der Motor dabei
10 kW abgibt und sein Wirkungsgrad 0,8 beträgt, sein $\dfrac{10}{0{,}8} = 12{,}5$ kW.
Die scheinbare Leistung würde hingegen $\dfrac{12{,}5}{0{,}7} = 17{,}85$ kVA betragen,
die Stromstärke bei einer Spannung von 500 Volt demnach $\dfrac{17{,}85}{500} \cdot 1000$
$= 35{,}7$ Amp.

12. Drehstrom.

Der Drehstrom ist ein mehrphasiger Wechselstrom und zwar ein
Strom mit 3 Phasen. Seine Entstehung kann man sich in der Weise
denken, daß 3 Einphasenströme, deren Amplituden um $^1/_3$ Periode
verschoben sind, vereinigt werden. In Fig. 14 würden demnach die Wicklungen $UX—VY$ und WZ jeweils die Wicklungen einer Phase eines Wechselstromes bedeuten. Trägt man die einzelnen Stromkurven, wie Fig. 15

zeigt, für die 3 Phasen auf, so ergibt sich, daß in jedem Zeitpunkt einer Periode die Summe sämtlicher Ströme Null ist. Es können daher die 3 mittleren Leiter fortgelassen und die 3 Punkte der Leitung XYZ vereinigt werden (vgl. Fig. 16). Den Punkt der Vereinigung der Phasen

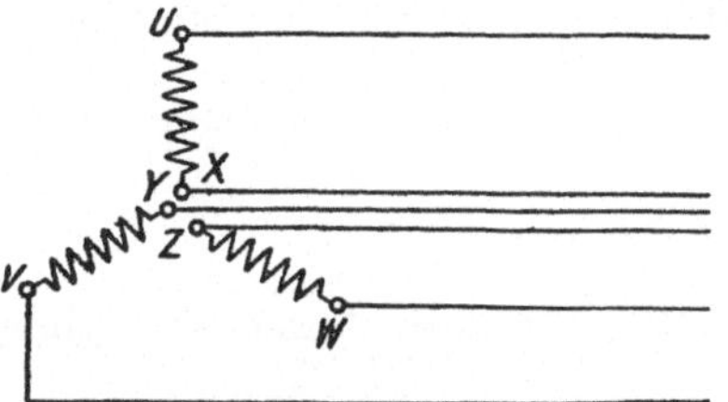

Fig. 14. Dreiphasen-Wechselstrom mit 6 Leitungen.

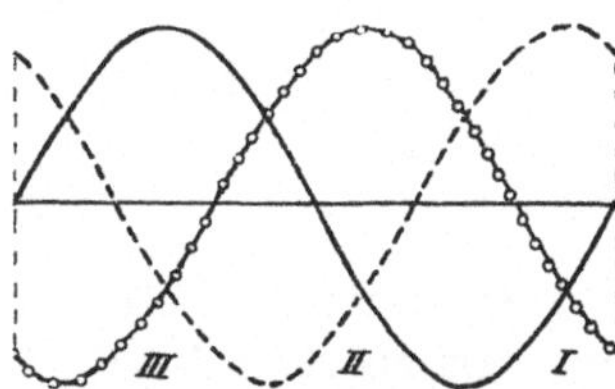

Fig. 15. Die drei Stromkurven bei Drehstrom.

nennt man den Nullpunkt. Die zwischen dem Nullpunkt und dem Außenleiter herrschende Spannung nennt man die Phasenspannung, die zwischen je 2 Leitern herrschende die Netzspannung. Die Schaltung nach Fig. 16 wird als Sternschaltung bezeichnet. Hierbei verhält sich die Phasenspannung zur Netzspannung wie $1 : \sqrt{3}$ und der Phasenstrom zum Netzstrom wie $1 : 1$. Die 3 Phasen können aber auch in

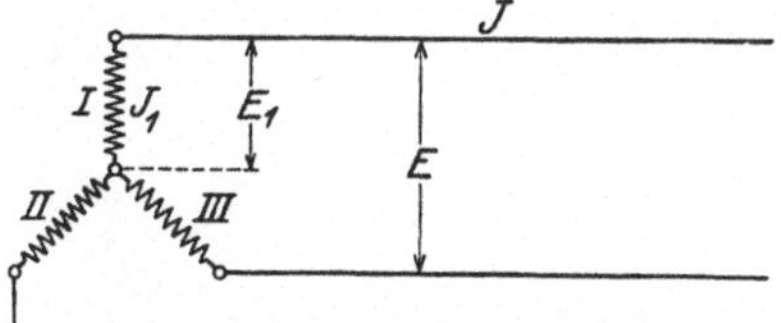

Fig. 16. Drehstrom in Sternschaltung.

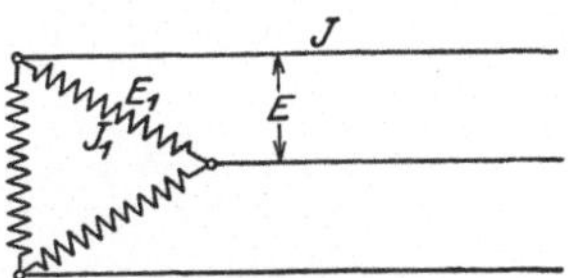

Fig. 17. Drehstrom in Dreieck-Schaltung.

Dreieck geschaltet werden (vgl. Fig. 17). Hierbei verhält sich die Netzspannung zur Phasenspannung wie $1 : 1$, der Phasenstrom zum Netzstrom wie $1 : \sqrt{3}$. Auch bei Drehstrom ist fast immer Phasenverschiebung vorhanden, insofern, als in jeder Phase eine Verschiebung zwischen dem Verlauf der Strom- und Spannungskurve stattfindet.

13. Leistung und Arbeit des Drehstromes.

Da sich der Drehstrom im wesentlichen aus 3 Phasen eines Wechselstromes zusammensetzt, so kann dessen Leistung in gleicher Weise wie beim Wechselstrom ermittelt werden, jedoch unter Berücksichtigung, daß nunmehr 3 Phasen vorhanden sind. Die Leistung des Drehstromes wird also bei gleicher Belastung den dreifachen Wert des Wechselstromes besitzen. Es wird also sein die Leistung

$$N = 3 \cdot E_1 \cdot J_1 \cdot \cos \varphi.$$

Da bei Dreieckschaltung $E_1 = E$ und $J_1 = \dfrac{J}{\sqrt{3}}$, oder für Sternschaltung $E_1 = \dfrac{E}{\sqrt{3}}$ und $J_1 = J$ ist, so ist die mittlere Leistung eines Drehstromes

$$N = \sqrt{3} \cdot E \cdot J \cdot \cos \varphi.$$

Die Arbeit des Drehstromes errechnet sich dann unter Berücksichtigung der Zeit zu $A = N \cdot t$.

Auch bei Drehstrom ist die scheinbare Leistung das Produkt aus Strom $\times$ Spannung ohne Berücksichtigung der Phasenverschiebung. Der Leistungsfaktor ist dann

$$\cos \varphi = \frac{N}{\sqrt{3} \cdot E \cdot J}.$$

II. Elektromotoren.

A. Nebenschlußmotor.

14. Allgemeine Eigenschaften.

Bei den Gleichstrom-Nebenschlußmotoren ist die zur Erzeugung des magnetischen Feldes erforderliche Erregerwicklung zu dem Anker parallel geschaltet (vgl. Fig. 18). Sie besteht daher aus einer großen Anzahl von Windungen dünnen Drahtes. Die Erregerstromstärke ist bei dieser Schaltung von der Belastung des Motors unabhängig; daher ist die Stärke des magnetischen Feldes praktisch konstant. Da die Drehzahl eines Gleichstrommotors von der Feldstärke und von der Spannung abhängt, so wird sie bei einem Gleichstrom-Nebenschlußmotor von der Belastung praktisch unabhängig (Fig. 19). Voraussetzung für diese Drehzahlkonstanz ist gleichbleibende Spannung an den Klemmen des Motors. Nimmt die Spannung ab, so geht die Drehzahl annähernd im halben Verhältnis herunter. Es ist daher darauf zu achten, daß die Zuleitungen zum Motor reichlich bemessen werden, damit bei

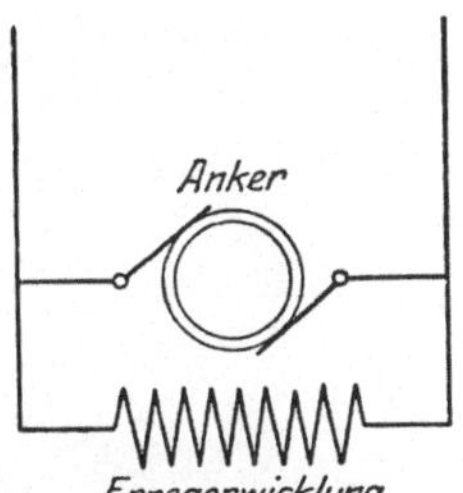

Fig. 18. Schaltbild eines Gleichstrom-Nebenschlußmotors.

zunehmender Belastung nicht infolge des Spannungsverlustes in der Zuleitung eine Spannungserniedrigung an den Klemmen des Motors und daher entsprechende Drehzahlverminderung erfolgt. Je kleiner die Drehzahl, für welche der Motor bei einer bestimmten Leistung ausgeführt werden soll, um so größer werden die Abmessungen des Motors und um so höher die Kosten. So stellt sich der Grundpreis eines Motors von beispielsweise 44 kW Leistung bei 445 Umdrehungen auf

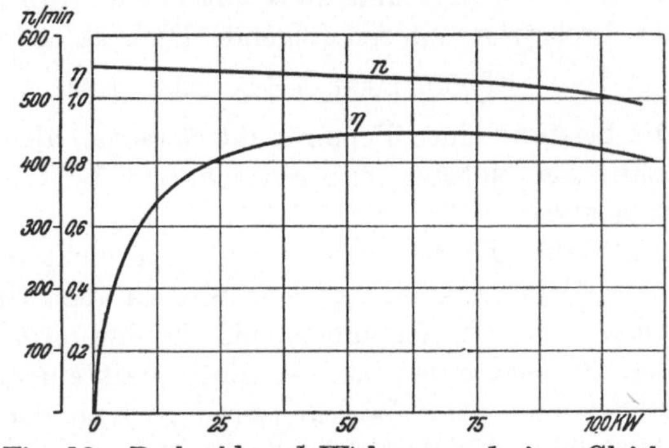

Fig. 19. Drehzahl und Wirkungsgrad eines Gleichstrom-Nebenschlußmotors in Abhängigkeit von der Belastung.

12 600 M., hingegen der eines Motors von gleicher Leistung, aber 1040 Umdrehungen, nur auf 7300 M. Daher ist bei der Auswahl des Motors nach Möglichkeit eine hochtourige Type zu wählen, was unter Umständen durch entsprechende Ausführung der Zwischenübertragungen zwischen Motor und Arbeitsmaschen erreicht werden kann. Die Motoren können praktisch für alle Drehzahlen gebaut werden. Eine Begrenzung nach oben ist in der Hauptsache durch die mechanische Ausführung gegeben, insofern, als man über eine bestimmte höchste Umfangsgeschwindigkeit des Ankers und des Kollektors nicht hinausgeht. Neuerdings wird eine Normung der Dreh-

Fig. 20.   Walzenzugsmotor.

zahlen angestrebt und zwar werden in Anpassung an die Drehzahlen der Drehstrommotoren folgende Drehzahlen vorgeschlagen:

3000, 2000, 1500, 1200, 1000, 750, 600, 500.

Die Leistung einer Type nimmt etwa verhältnisgleich ab mit der Drehzahl. Bei Motoren mit eingebautem Ventilator ist der Abfall meist noch etwas größer, da infolge der bei niedrigerer Drehzahl geringeren Ventilation die Ausnutzung der Type nicht so günstig ist. Die Gleichstrom-Nebenschlußmotoren werden in allen Größen gebaut von Bruchteilen von kW-Leistungen bis zu den größten Walzenzugsmotoren. Fig. 20 zeigt einen solchen Motor mit einem Drehmoment von etwa 30 000 mkg. Der Wirkungsgrad ist von der Ausführung des Motors abhängig und ändert sich mit der Belastung (s. Fig. 19). Es muß daher bei den Antrieben darauf geachtet werden, den Motor möglichst mit Vollast zu betreiben.

15. Anlassen.

Wird ein stillstehender Motor unmittelbar an die volle Netzspannung angeschlossen, so treten sehr hohe Anlaufströme auf, die den Motor gefährden und sich in der gesamten Anlage sehr störend bemerkbar machen. Es ist daher beim Anlassen eines Nebenschlußmotors erforderlich, allmählich die Spannung an dem Anker von 0 bis zum Höchstwert anwachsen zu lassen. Dies wird am einfachsten durch das Vorschalten eines Anlaßwiderstandes erreicht, welcher in Verbindung mit einem Anlasser während des Motoranlaufs allmählich bis auf 0 verringert wird.

Diese Anlaßmethode ist fast allgemein gebräuchlich (vgl. Fig. 21). Eine andere Möglichkeit, die Spannung an den Klemmen des Motors von 0 bis zum Höchstwert anwachsen zu lassen, besteht darin,

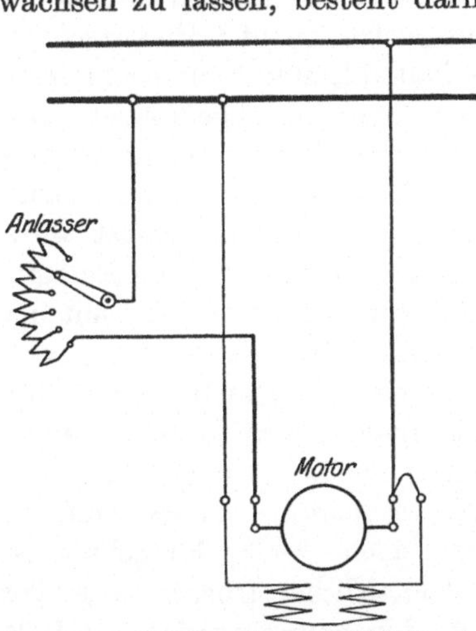

Fig. 21. Anlaß-Schaltung mit Widerstand.

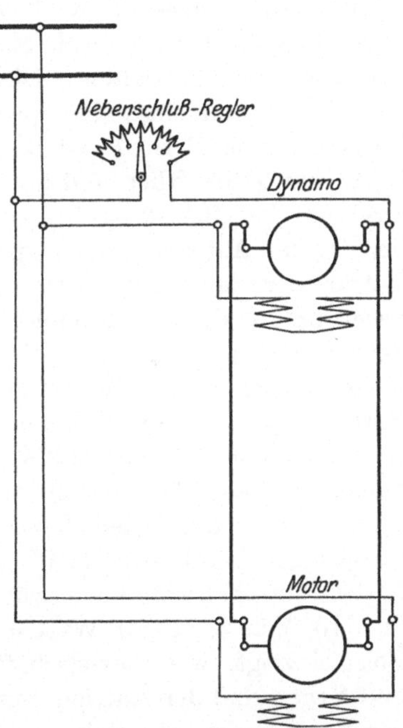

Fig. 22. Leonard-Schaltung.

die Spannung der die elektrische Energie liefernden Dynamo während des Anlassens von 0 bis zum Höchstwert möglichst in feinstufiger Weise zu erhöhen (vgl. Fig. 22). Diese Schaltung, die sog. Leonard-Schaltung, ist nur bei besonders großen Maschinen und auch dann nur gebräuchlich, wenn gleichzeitig weitgehendste Drehzahl-Regelung in Frage kommt, z. B. bei Papiermaschinen, Walzenstraßen und Fördermaschinen.

Eine Spannungsverminderung zum Zwecke des Anlassens kann auch dadurch erreicht werden, daß anstelle des Anlaßwiderstandes eine besondere Zusatzmaschine zwischen Sammelschienen und Motor geschaltet wird. (Näheres über die Wirkungsweise siehe nächsten Abschnitt). Auch diese Schaltung wird nur bei besonderen Anlagen, wo es sich um weitgehendste Drehzahl-Regelung handelt, als sog. Zu- und Gegenschaltung, besonders bei Papiermaschinen-Antrieben, angewendet.

16. Drehzahlregelung.

Die Drehzahl eines Nebenschlußmotors, dessen Erregung nicht geändert wird, ist praktisch verhältnisgleich der dem Anker zugeführten Spannung. Es kann dementsprechend auch, je nachdem die Spannung von 0 bis zu dem Höchstwert an dem Anker des Nebenschlußmotors eingestellt wird, jede beliebige Drehzahl zwischen 0 und dem Höchstwert, für den die Maschine berechnet ist, durch Spannungs-Änderung erreicht werden. Dies läßt sich, wie beim Anlassen, durch das Vorschalten eines die Spannung abdrosselnden Widerstandes erreichen. Diese Methode ist in ihrer Anordnung am einfachsten, doch ist sie unwirtschaftlich und hat noch den Nachteil, daß die eingestellte Drehzahl bei Belastungsänderung nicht gleich bleibt. Unwirtschaftlich ist der Antrieb, weil in dem Vorschaltwiderstand ein bestimmter Betrag der zugeführten Sammelschienen-Spannung abgedrosselt, also vernichtet wird. Das Produkt aus dieser vernichteten Spannung und dem Strom, der durch den Widerstand fließt, entspricht aber einer Leistung, welche im Widerstand nutzlos in Wärme umgesetzt wird. Beträgt beispielsweise die Klemmenspannung 220 Volt und die Energie-Aufnahme eines Motors 22 kW, so müßte, falls der Motor nur mit der halben Drehzahl laufen soll, etwa die halbe Klemmenspannung, also etwa 110 Volt, durch den Vorschaltwiderstand abgedrosselt werden. Die Stromstärke würde bei 22 kW Leistungsaufnahme 100 Amp. betragen. In dem Vorschaltwiderstand würde demnach eine Leistung von 100 Amp. $\times$ 110 Volt = 11 000 Watt = 11 kW vernichtet. Dieses einfache Beispiel zeigt, wie unwirtschaftlich eine solche Drehzahlregelung ist und ferner, daß der Antrieb umso unwirtschaftlicher arbeitet, je größer der Regelbereich ist. Bei nur 10% Drehzahlregelung würden nur 10% der normalen Spannung abgedrosselt; die zusätzlichen Verluste im Widerstand würden also nur 10% der aufgenommenen Energie betragen.

Die Stromaufnahme eines Motors ist von dessen Belastung, unter Berücksichtigung des jeweiligen Wirkungsgrades, abhängig. Bei dem gewählten Beispiel war eine Belastung entsprechend 100 Amp. angenommen worden, wobei mit 50% Drehzahlregelung nach unten gerechnet wurde. Würde sich infolge Änderung der Belastung des Motors die Stromstärke auf die Hälfte verringern, so würde sich auch der Spannungsverlust im Widerstand ändern. Da dieser durch die Gleichung $E = J \cdot R$ gegeben ist, so verringert sich, da R konstant bleibt, bei Abnahme der Stromstärke um 50% auch der Spannungsverlust im Vorschaltwiderstand um 50%. Es würde nunmehr statt 110 nur 55 Volt abgedrosselt, also die Spannung an den Klemmen nicht mehr 110, sondern 110 + 55 = 165 Volt betragen. Dadurch würde sich die Drehzahl des Motors bei der angenommenen Entlastung um etwa 50% erhöhen. Bei allen Antrieben, bei denen die einmal eingestellte Drehzahl auch bei Änderung der Belastung gleich bleiben muß, ist daher die Regelung der Drehzahl durch Vorschaltwiderstand nicht zulässig.

Eine andere Möglichkeit, die Drehzahl durch Spannungsänderung zu regeln, bietet die Anordnung eines Leitungsnetzes mit mehreren Spannungen. Bei einem gewöhnlichen Dreileiternetz, z. B. 2×110 oder 2×220 Volt, können durch das Anschließen des Motors an die einfache oder die doppelte Spannung zwei Geschwindigkeiten im Verhältnis 1 : 2 erreicht werden. Sind mehr als zwei Geschwindigkeiten verlangt, so muß eine Leitungsanlage mit mehreren Teilspannungen gewählt werden. Fig. 23 zeigt das Schema einer Fünfleiteranlage mit verschiedenen Teilspannungen, mit deren Hilfe die Geschwindigkeits-

Geschwindigkeits-stufe.	Spannung in Volt.
1	50
2	100
3	150
4	200
5	250
6	300
7	350
8	400
9	450

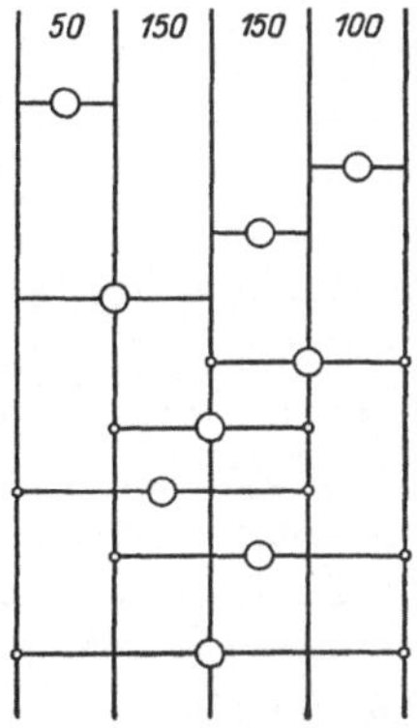

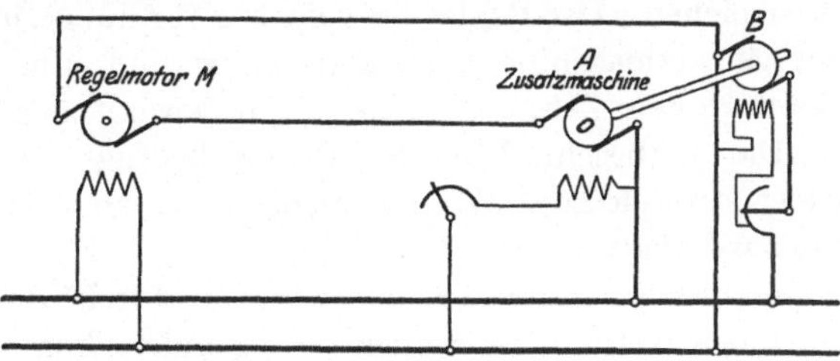

Fig. 23. Fünfleiter-Anlage mit verschiedenen Teilspannungen für 9 Geschwindigkeiten.

stufen im Verhältnis der Spannungen von 50 : 100 : 150 : 200 : 250 : 350 : 400 : 450 eingestellt werden können. Diese Anordnung mit Mehrleitersystem ermöglicht eine verlustlose Regelung, hat aber den Nachteil, daß die große Zahl der Leitungen und die besonderen Umschaltapparate die Anlage sehr verteuern, wodurch ihre Anwendung nur eine sehr beschränkte ist, z. B. in Zeugdruckanlagen.

Fig. 24. Zu- und Gegenschaltung.

Bei der sog. Zu- und Gegenschaltung (Fig. 24) ist die Anordnung meistens so getroffen, daß der zu regelnde Motor (M) für die doppelte Netzspannung ausgeführt wird. Die in dem Stromkreis zwischen Sammelschienen und Regelmotor zwischengeschaltete Maschine (A) ist für eine Spannung gleich der Netzspannung bemessen und kann so erregt werden, daß die Spannung dieser Maschine einmal der Netzspannung entgegengeschaltet, das andere Mal ihr zugeschaltet ist. Ist die Spannung der Maschine der Netzspannung entgegengeschaltet, so wird auf diese

Weise die Spannung an der Klemme des Regelmotors nur die Differenz zwischen der Spannung der Sammelschienen und der Zusatzmaschine betragen. Der Motor wird dann mit einer diesem geringen Spannungsunterschied entsprechenden Drehzahl laufen. Die Zusatzmaschine wirkt demnach in gleichem Maße wie ein Vorschaltwiderstand, nur mit dem Unterschied, daß die sonst im Widerstand vernichtete Energie — da jetzt die Zusatzmaschine als Motor läuft — in mechanische Energie umgewandelt wird. Mit Hilfe dieser freiwerdenden mechanischen Energie wird eine zweite Maschine (B) angetrieben, welche die ihr zugeführte mechanische Energie in elektrische umwandelt und an das Netz wieder abgibt. Die sonst im Vorschaltwiderstand vernichtete Energie wird bei dieser Schaltung, also mit Ausnahme der Verluste in dem Steueraggregat (Maschine A und B), nutzbar an das Netz wieder zurückgegeben. Ist die Spannung der Zusatzmaschine gleich Null, so erhält der Motor die volle Netzspannung und läuft, da er für die doppelte Spannung bemessen ist, mit seiner halben Drehzahl. Wird nunmehr die Zusatzmaschine so erregt, daß sich ihre Spannung der Netzspannung zuaddiert, so erhöht sich dementsprechend die Spannung an den Klemmen des Regelmotors und dessen Drehzahl. Erreicht die Zusatzspannung die Höhe der Netzspannung, so ist die doppelte Netzspannung an den Klemmen des Regelmotors vorhanden und der Regelmotor läuft mit seiner höchsten Drehzahl. In diesem Falle arbeitet die Zusatzmaschine als Dynamo und die mit ihr gekuppelte Maschine als Motor. Es ist daher bei dieser Zu- und Gegenschaltung eine weitgehende Drehzahlregelung lediglich durch Veränderung der Erregung der Zusatzmaschine zu erreichen. Der Regler braucht nur für die geringe Erregerstromstärke der Zusatzmaschine bemessen zu werden, und wird daher auch bei einer großen Zahl von Kontakten verhältnismäßig klein ausfallen.

Die vorbeschriebene Schaltung bedingt das Vorhandensein eines Gleichstromnetzes. Wo ein solches nicht zur Verfügung steht, kann die Leonardschaltung verwendet werden (vgl. Fig. 22). Die Steuerdynamo kann hierbei entweder unmittelbar durch die Dampfmaschine angetrieben werden, oder auch — besonders kommt dies bei Drehstromnetzen in Frage — durch einen Drehstrommotor. Auch hierbei wird die Drehzahl des Regelmotors durch Änderung der Spannung der Dynamo also durch Veränderung ihrer Erregung erreicht, was mit Hilfe eines feinstufigen Nebenschlußreglers in leichter Weise erfolgen kann.

Die Zu- und Gegenschaltung und die Leonardschaltung ermöglichen eine verlustlose und feinstufige, von der Belastung unabhängige Drehzahlregelung. Infolge der erhöhten Anschaffungskosten, die durch die Aufstellung von besonderen Steuermaschinen bedingt sind, findet diese Anordnung nur bei solchen Maschinen Verwendung, bei denen größere Energiemengen in Frage kommen, die Wirtschaftlichkeit der

Regelung also besonders ins Gewicht fällt, und bei denen eine eindeutige Steuerung erforderlich ist, die einmal eingestellte Drehzahl also unabhängig von der Belastung gleich bleiben muß. Die Steuerungen sind daher in erster Linie bei Papiermaschinen, Fördermaschinen und Walzenstrassen gebräuchlich. Bei kleineren Anlagen, wie bei Kranen, Hobelmaschinen, Ventilatoren, mit Ausnahme der großen Grubenventilatoren, sind sie wohl früher angewendet worden, jetzt aber weniger gebräuchlich.

Außer durch die Änderung der Spannung kann ein Gleichstrom-Nebenschlußmotor auch noch durch Änderung der Erregung geregelt werden. Wird das Feld eines Nebenschlußmotors geschwächt, so wird dadurch die Drehzahl des Motors erhöht. Die Feldschwächung bedingt eine schlechtere Ausnutzung der Maschine, so daß, gleiche Leistung vorausgesetzt, ein Motor, der für die Regelung durch Feldschwächung gebaut ist, größer ausfällt als ein normaler Motor, und zwar wird er um so größer, je höher die Feldschwächung gewählt wird. Spricht man bei einer Regelung des Motors mit Vorschaltwiderstand von einer Abwärtsregelung, so ist es bei Nebenschlußregelung gebräuchlich, von einer Aufwärtsregelung zu sprechen. Gewöhnlich baut man die Nebenschlußmotoren für eine Regelung im Verhältnis 1 : 2 oder 1 : 3. Ein größerer Regelbereich, etwa 1 : 4 bis 1 : 6 ist seltener gebräuchlich, da die Motoren unwirtschaftlich, nämlich zu groß und zu teuer, unter Umständen auch unstabil werden. Zum Einstellen der Drehzahl dient ein Regler, der nur für den etwa 5—10% der Gesamtstromaufnahme betragenden Erregerstrom bemessen zu werden braucht, so daß mit einem einfachen und billigen Apparat eine feinstufige Regelung erreicht werden kann. Bei dieser Regelung ist die eingestellte Drehzahl praktisch von der Belastung unabhängig; sie wird wegen ihrer Einfachheit bei allen Arbeitsmaschinen, die eine feinstufige Drehzahlregelung verlangen, verwendet.

Die zwei wesentlichen Regelarten, Erniedrigung der Spannung und Verringerung der Erregung können naturgemäß auch kombiniert werden. So kann z. B. eine Regelung mit Vorschaltwiderstand und mit Nebenschlußregelung in der Weise angewandt werden, daß für die gebräuchlichsten und am meisten vorkommenden Drehzahlen eine Nebenschlußregelung vorgesehen wird und noch weitere Drehzahlerniedrigungen mit Hilfe des Vorschaltwiderstandes erreicht werden. Dieselbe Kombination ist auch beim Mehrleitersystem möglich, bei welchem dann der Sprung zwischen den einzelnen Geschwindigkeiten, die der Abstufung der einzelnen Spannungen entsprechen, noch durch Nebenschlußregelung überbrückt werden können. Auch bei Zu- und Gegenschaltung sowie bei der Leonardschaltung ist eine Kombination möglich; sie wird aber nur dort angewendet, wo bei zunehmender Drehzahl die

Leistung gleichbleibt, so daß trotz der Feldschwächung des Motors nicht eine höhere Maschinentype benötigt wird.

17. Umsteuern.

Die Drehrichtung eines jeden Nebenschlußmotors läßt sich in einfacher Weise umkehren. Treibt ein Motor eine Arbeitsmaschine an, deren Drehrichtung geändert werden soll, so ist es daher zweckmäßiger, nicht ein mechanisches Umsteuergetriebe einzubauen, sondern die Umsteuerung auf elektrischem Wege im Motor vorzunehmen. Diese Umkehrung der Drehrichtung des Motors kann entweder durch die Änderung der Stromrichtung im Anker, oder in der Erregerwicklung erreicht werden. Praktisch wird nur die Umkehrung im Anker angewandt (vgl. Fig. 25), indem die beiden Zuleitungen zum Anker vertauscht werden. Bei Regelmotoren mit besonderem Steueraggregat in Leonardschaltung kann die Umschaltung im Ankerstromkreis dadurch vermieden werden, daß die Spannung der Steuerdynamo durch Umkehrung ihres Erregerstromes gleichfalls umgekehrt wird. Motoren, welche häufig umgesteuert werden, bei denen außerdem noch stärkere Belastungsschwankungen auftreten, sind unbedingt mit Wendepolen (näheres siehe Abschnitt 42) auszuführen.

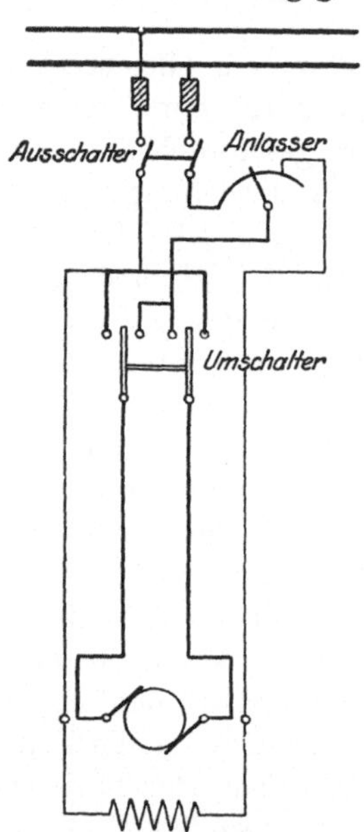

Fig. 25. Drehrichtungsänderung eines Gleichstrommotors durch Anker-Umschaltung.

18. Bremsen.

Wird ein Elektromotor abgeschaltet, dann läuft er infolge der im Anker aufgespeicherten lebendigen Energie und der mit ihm gekuppelten und umlaufenden Teile der Arbeitsmaschine längere oder kürzere Zeit noch weiter und gelangt erst allmählich zum Stillstand. Bei vielen Arbeitsmaschinen ist aber ein möglichst rasches Stillsetzen erwünscht. Man kann dieses Stillsetzen auf rein mechanischem Wege dadurch erzielen, daß man die lebendige Energie mittels einer Bremse, die von Hand durch Druckluft, Fallgewicht usw. betätigt wird, abbremst. Das Abbremsen kann aber auch auf elektrischem Wege erzielt werden. Besonders vorteilhaft wird das elektrische Bremsen bei denjenigen Arbeitsmaschinen, bei welchen eine mechanische Bremse schlecht angebracht und betätigt werden kann, z. B. bei Werkzeugmaschinen. Es gibt verschiedene Möglichkeiten der elektrischen Bremsung.

Beim Bremsen mit Gegenstrom wird der Motor abgeschaltet und im entgegengesetzten Drehsinn mit Hilfe des Anlassers wieder an das Netz angeschlossen. Diese Bremsmethode bedingt erhöhte Aufmerksamkeit, da auch für rechtzeitiges Ausschalten gesorgt werden muß, um ein Anlaufen des Motors in entgegengesetzter Richtung zu vermeiden. Die Bremsung mit Gegenstrom ist daher bei Nebenschlußmotoren nur wenig gebräuchlich.

Bei der Ankerbremsung wird der Anker vom Netz abgeschaltet und über einen Widerstand kurzgeschlossen. Der weiterlaufende Motor arbeitet nunmehr als Dynamo und liefert elektrische Leistung, die im Bremswiderstand vernichtet wird und zu deren Deckung naturgemäß die in den umlaufenden Teilen aufgespeicherte Energie aufgezehrt wird. Dadurch wird der Motor um so schneller stillgesetzt, je größer der Bremsstrom ist. Um den Motor nicht zu überlasten und trotzdem eine scharfe Bremsung zu erzielen, ist es erforderlich, während des Bremsens die Größe des Bremswiderstandes zu verändern. Da mit abnehmender Drehzahl die Spannung des als Dynamo laufenden Motors abnimmt, so muß, wenn während der Bremsperiode dauernd mit dem zulässigen Höchststrom gebremst werden soll, der Bremswiderstand verringert werden. Dies wird nur bei solchen Antrieben möglich sein, bei welchen ein Mann für die Bedienung der Steuerapparate vorhanden ist, also bei Kranen, Rollgängen usw. Wo dies nicht der Fall ist, muß man sich mit einem festeingestellten Bremswiderstand begnügen. Am schärfsten ist dann die Bremsung bei voll erregtem Felde, wenn also die Magnetwicklung an das Netz angeschlossen bleibt. Diese Schaltung hat aber den Nachteil, daß für eine besondere Abschaltung der Erregung gesorgt werden muß, sobald der Motor zum Stillstand gekommen ist. Da die von dem umlaufenden Anker erzeugte Luftzirkulation nach erfolgtem Stillstand nicht mehr wirksam ist, würde die Erregerwicklung sonst zu warm werden. Um eine besondere Abschaltung zu vermeiden, kann man auch die Erregung unmittelbar an die Klemmen des Motors anschließen. Sobald aber dann die Spannung des Motors im Verlauf der Bremsung heruntergeht, nimmt auch dementsprechend die Erregerstromstärke ab, so daß nicht eine gleich starke Bremsung erzielt wird wie bei fremderregtem Felde. Die Bremsung hat den Nachteil, daß die Bremsleistung mit der Drehzahlverminderung gleichfalls abnimmt. Sie ist daher vor allem da gebräuchlich, wo es nur darauf ankommt, die in den Massen aufgespeicherte Energie zu vernichten.

Bei der Nutzbremsung arbeitet der Motor wie bei Ankerbremsung als Dynamo, jedoch mit dem Unterschied, daß hierbei seine Leistung an das Netz nutzbar wieder abgegeben wird. Eine Möglichkeit dieser Bremsung ist bei der Verwendung von regelbaren Motoren gegeben.

Wird die Regelung durch Feldschwächung erzielt, so kann, um den Motor bis auf seine Grunddrehzahl, also bis auf die Drehzahl, wo er wieder mit vollerregtem Felde arbeitet, eine Bremsung in der Weise erzielt werden, daß das Feld verstärkt wird. Dadurch wird die Spannung an den Klemmen des Motors größer als die ihm aufgedrückte Netzspannung, so daß der Motor nunmehr als Dynamo arbeitet, elektrische Energie ans Netz abgibt und sich dadurch selber abbremst. Bei Regelmotoren mit besonderer Steuerdynamo in Leonardschaltung wird auf gleiche Weise eine Nutzbremsung erzielt, indem die Spannung der Steuerdynamo erniedrigt wird, so daß nunmehr gleichfalls der Motor als Dynamo arbeitet und Energie an die als Motor arbeitende Anlaßdynamo zurückliefert. In letzterem Falle ist naturgemäß eine Ausnutzung der Bremsung bis zu einer beliebig geringen Drehzahl möglich, wohingegen im ersteren Falle nur bis auf die Grunddrehzahl.

Eine besondere Art der Bremsung kann dann erforderlich werden, wenn das Drehmoment der Arbeitsmaschine negativ wird, z. B. beim Einhängen von Lasten bei Fördermaschinen. In solchen Fällen wird sich die Drehzahl des nunmehr von der Arbeitsmaschine angetriebenen Motors solange erhöhen, bis seine elektromotorische Kraft größer wird als die Klemmenspannung, worauf dann der Motor als Dynamo arbeitet und daher als Bremse wirkt. Ist der Motor genügend groß bemessen, so wird sich Gleichgewichtszustand zwischen Last und Motor einstellen, wodurch die Last mit gleichbleibender Geschwindigkeit gesenkt wird. Die Drehzahlerhöhung bei dieser Nutzbremsung ist nur gering und beträgt je nach der Konstruktion des Motors im Mittel etwa 5%.

Naturgemäß ist auch eine Kombination der beschriebenen drei Möglichkeiten gegeben. Bei Antrieben mit Regelmotor, bei welchen ein Abbremsen der Massen bis zum Stillstand elektrisch erwünscht ist, wird man z. B. von der höchsten bis zur Grunddrehzahl die Nutzbremsung anwenden, wogegen dann die Stillsetzung durch Ankerbremsung erfolgt.

B. Hauptschlußmotor.

19. Allgemeine Eigenschaften.

Der Hauptschlußmotor, auch Hauptstrommotor genannt, besitzt eine Erregerwicklung, die mit dem Ankerstrom in Reihe geschaltet ist (vgl. Fig. 26). Daher besteht diese Wicklung aus wenigen Lagen starken Drahtes. Da die vom Motor aufgenommene Stromstärke vom Drehmoment abhängig ist, so wird sich auch der Erregerstrom und daß davon abhängige Feld mit der Belastung ändern, also auch die Drehzahl. Fig. 27 zeigt den Verlauf der Drehzahl für einen gegebenen Motor. Es wird also bei der Zunahme der Belastung ein starker Abfall der Drehzahl, hingegen bei Abnahme der Belastung ein starkes Anwachsen erfolgen. Wird der Motor völlig entlastet, dann wird die Drehzahl unzulässig gesteigert, der Motor geht durch, was zu seiner Zerstörung führt. Es müssen daher beim Hauptstrommotor, dort, wo die Gefahr der Entlastung gegeben ist, besondere Sicherheitsanordnungen getroffen werden, um ein Durchgehen zu verhindern. Eine solche Anordnung besteht in dem Einbau eines Zentrifugalschalters, welcher, sobald der Motor die höchtzulässige Drehzahl überschreitet, selbsttätig den Motor vom Netz abschaltet. Die Abhängigkeit der Drehzahl von der Belastung macht den Motor nur für besondere Antriebe verwendbar und zwar für solche Antriebe, wo diese Eigenschaft besonders zweckmäßig ist. Z. B. ist es erwünscht, wenn bei Kranen und Hebezeugen eine schwere Last langsam, eine leichte dagegen rasch gehoben wird.

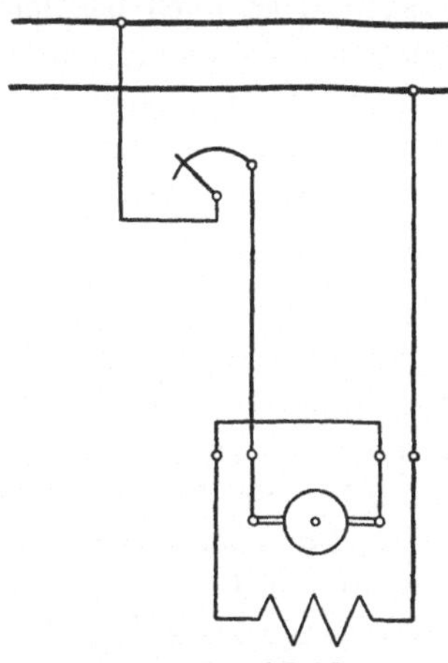

Fig. 26. Schaltbild eines Hauptschlußmotors.

Auch als Bahnmotor eignet sich der Hauptstrommotor gut, da z. B. beim Bergauffahren der Motor dann infolge des größeren Dreh-

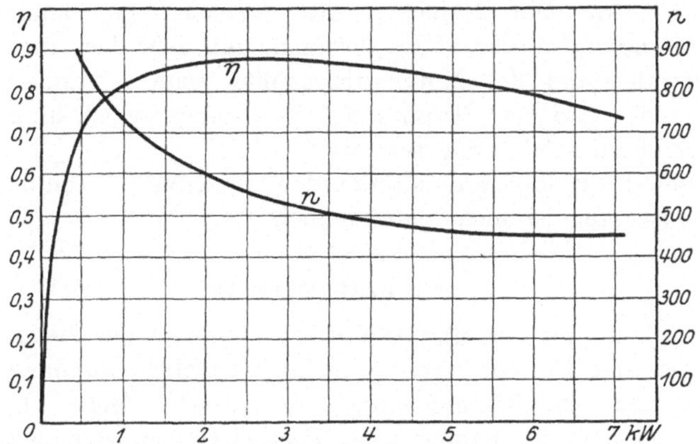

Fig. 27. Drehzahl und Wirkungsgrad eines Hauptschlußmotors in Abhängigkeit von der Belastung.

momentes, das er überwinden muß, langsamer läuft und daher seine Überlastung vermieden wird. Auch zum Antrieb von Spills, Koksausdrückmaschinen usw. ist er geeignet.

Der Hauptstrommotor kann in weitem Bereich für jede beliebige Drehzahl (unter Berücksichtigung der Dauerleistung) aus-

geführt werden. Auch hier ist die Grenze wie beim Nebenschlußmotor
mit Rücksicht auf konstruktive Ausführung gegeben. Da die Größe
des Motors unter sonst gleichen Verhältnissen von der Drehzahl abhängt, so ist auch bei dem Hauptstrommotor eine hohe Drehzahl erwünscht. Immerhin wird man mit Rücksicht auf die bei Entlastung
auftretende Drehzahlerhöhung nicht so hohe Drehzahlen zugrunde
legen können wie bei einem Nebenschlußmotor. Der Wirkungsgrad
ist von der Ausführung des Motors und der Belastung abhängig (Fig. 27).

20. Anlassen.

Auch beim Hauptschlußmotor größerer Leistung ist es zur Verringerung des Anlaufstromes erforderlich, die Netzspannung nicht
unmittelbar an den stillstehenden Motor zu legen, sondern allmählich
von 0 bis zum Höchstwert zu steigern, was am einfachsten durch regelbaren Vorschaltwiderstand mit Hilfe eines Anlassers (vgl. Fig. 26)
erreicht wird. Kleinere Motoren können unter Zwischenschaltung
eines festeingestellten Widerstandes angelassen werden, der während
des Betriebes eingeschaltet bleibt. Dadurch wird zwar der Wirkungsgrad verschlechtert, aber eine sehr einfache Schaltung erzielt.

Kleinste Motoren, etwa mit Leistungen unter 1 kW, können auch
unmittelbar ans Netz angeschlossen werden.

Der Hauptschlußmotor hat ein hohes Anlaufmoment, und zwar
kann mit etwa dem 2,5fachen des normalen gerechnet werden.
Hierbei sei besonders darauf hingewiesen, daß auch bei einem großen
Vorschaltwiderstand der Motor durchgeht, wenn er unbelastet ist,
da infolge des geringen Stromes der Spannungsverlust in dem Vorschaltwiderstand sehr gering sein wird.

Anlassen des Hauptstrommotors unter Zuhilfenahme von besonderen
Steuer-Aggregaten ist nicht gebräuchlich.

21. Drehzahlregelung.

Da die Drehzahl der Hauptschlußmotoren von der Belastung abhängt, so ist eine Drehzahlregelung nur dort möglich, wo eine dauernde
Kontrolle und eine Nachregelung von Hand erfolgt, also z. B.
bei Straßenbahnen, bei Kranen usw. Hierbei verwendet man allgemein
für die Steuerung einen regelbaren Vorschaltwiderstand. Diese Drehzahlregelung ist wie bei Nebenschlußmotoren unwirtschaftlich. Wo 2 Motoren anwendbar sind, wie z. B. bei Bahnen, verwendet man auch die
Reihen-Parallelschaltung (vgl. Fig. 28). Bei dieser werden die beiden
Motoren erst hintereinander, dann parallelgeschaltet unter entsprechen-
dem Vorschalten vom Widerstand. Diese Schaltung hat den Vorteil,
daß man 2 Drehzahlen in den Schaltstufen hat, bei welchen keine Energie

in dem Widerstande vernichtet wird, nämlich, wenn bei kurzgeschlossenem Vorschaltwiderstand die Motoren in Reihe oder parallelgeschaltet sind. Eine Drehzahlregelung mit besonderen Steueraggregaten ist nicht gebräuchlich.

22. Umsteuern.

Wie bei Nebenschlußmotoren kann die Drehrichtung geändert werden entweder durch Änderung im Anker oder im Felde. Praktisch gebräuchlich ist nur die Änderung im Ankerstromkreis (vgl. Fig. 29). Also auch bei diesen Antrieben empfiehlt es sich, die Umkehrung der Drehrichtung der Arbeitsmaschine nicht mechanisch durch Wechselgetriebe, sondern elektrisch vorzunehmen.

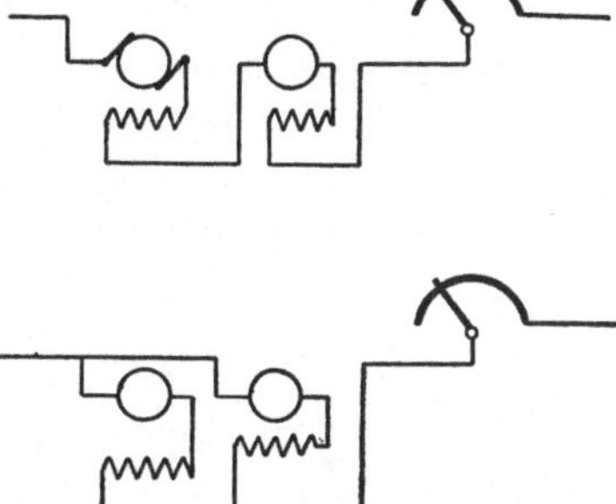

Fig. 28. Reihen-Parallel-Schaltung zweier Hauptschlußmotoren.

23. Bremsen.

Auch beim Hauptschlußmotor ist ein elektrisches Stillsetzen ohne weiteres möglich. Beim Bremsen mit Gegenstrom wird wie beim Nebenschlußmotor der stillzusetzende Motor vom Netz abgeschaltet und mit vertauschten Ankerleitungen unter Zwischenschaltung eines entsprechenden Widerstandes an das Netz angeschlossen. Diese Schaltung hat dieselben Nachteile wie die bei dem Nebenschlußmotor. Bei der Ankerbremsung wird der Anker mit vertauschten Anschlüssen über einen Widerstand in Hintereinanderschaltung mit der Erreger-Wicklung kurzgeschlossen. Hierbei ist also eine Schaltung mit Fremderregung der Wicklung wie beim Nebenschlußmotor nicht möglich. Die Bremsung wird aber bei dieser Schaltung eine sehr starke sein, da ja jeweils die volle Stromstärke, die man ohne weiteres durch entsprechende Einstellung des Widerstandes auch bei abnehmender Drehzahl erreichen kann, durch die Erregerwicklung fließt. Nutz

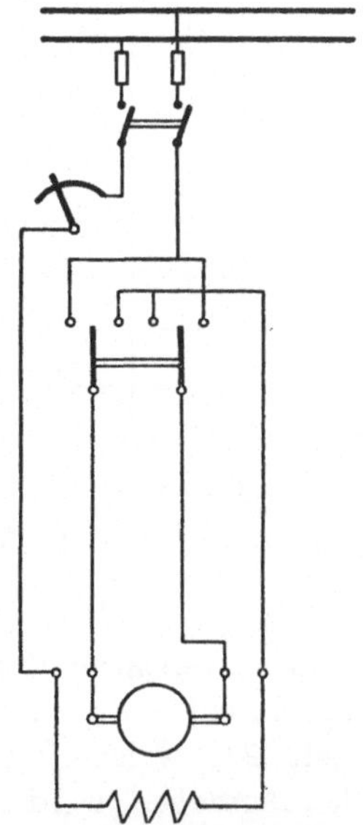

Fig. 29. Drehrichtungsänderung eines Hauptschlußmotors durch Anker-Umschaltung.

bremsung ist bei Hauptschlußmotoren nur dann möglich, wenn die Arbeitsmaschine den Motor antreibt, also eine Drehzahlerhöhung so lange erfolgt, bis die elektromotorische Kraft des Motors die Netzspannung überschreitet.

C. Doppelschlußmotor.

24. Allgemeine Eigenschaften.

Der Doppelschlußmotor, auch Compoundmotor genannt, stellt eine Vereinigung von Nebenschluß- und Hauptschlußmotor dar. Er besitzt also sowohl eine Nebenschlußwicklung als auch eine Hauptschlußwicklung. Je nachdem, ob die eine oder die andere der beiden Wicklungen überwiegt, besitzt dann der Doppelschlußmotor eine dementsprechende Charakteristik. Ein Nebenschlußmotor mit Hauptschlußhilfswicklung wird demnach eine Charakteristik besitzen, bei welcher sich ein stärkerer Drehzahlabfall bei Belastung ergibt als bei

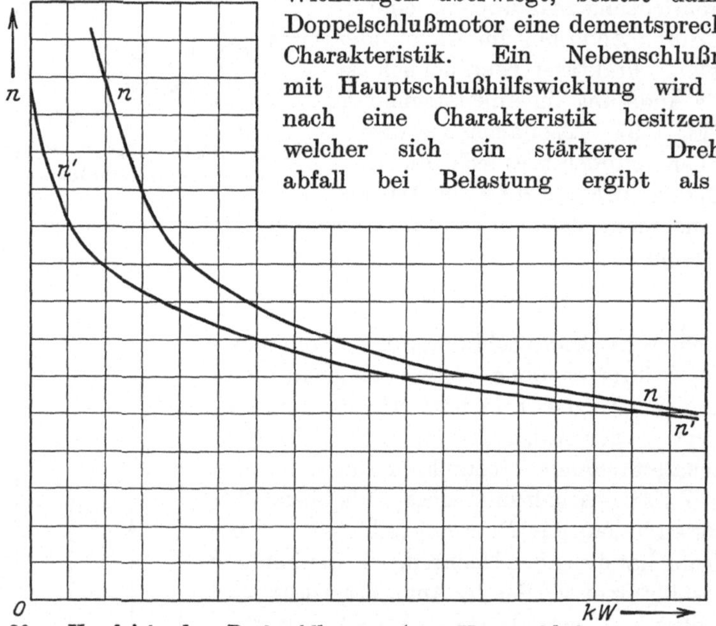

Fig. 30. Vergleich der Drehzahlkurve eines Hauptschlußmotors und eines Doppelschlußmotors.

reiner Nebenschlußwicklung. Dieses Nachgeben ist besonders dort erwünscht, wo der Motor mit Ausgleichschwungmassen gekuppelt ist, welche beim Auftreten von Überlastungen zur Deckung herangezogen werden sollen. Das Entladen der Schwungmassen läßt sich bekanntlich aber nur durch einen Drehzahlabfall erreichen. Würde der Motor keine zusätzliche Hauptschlußwicklung haben, so würde trotz der auftretenden Überlastung die Drehzahl nur unwesentlich abfallen, die Schwungmassen daher nicht genügend zur Deckung der Überlastung herangezogen, so daß nunmehr die Überlastung hauptsächlich vom Motor aufgenommen werden müßte. Das mehr oder weniger Nachgeben des Motors kann durch eine entsprechend größere oder geringere Hauptschlußhilfswicklung erreicht werden.

Überwiegt die Hauptschlußwicklung, besitzt also der Motor nur eine Nebenschlußhilfswicklung, so wird ein solcher Doppelschlußmotor viel stärker die Kennzeichen eines Hauptschlußmotors haben. Die Nebenschlußhilfswicklung hat in diesem Falle in erster Linie den Zweck, das Durchgehen des Motors zu verhindern und sein Anlassen auch bei Leerlauf zu ermöglichen. Fig. 30 zeigt die Kennlinien eines reinen Hauptschlußmotors (n) und eines solchen mit Hilfswicklung (n_1); man sieht deutlich die Begrenzung der Drehzahl bei Leerlauf.

Bezüglich Drehzahl, Leistung und Wirkungsgrad gilt sinngemäß das in den vorausgegangenen Abschnitten Gesagte.

25. Anlassen, Regeln, Umsteuern und Bremsen.

Für das Anlassen gelten dieselben Gesichtspunkte wie bei dem reinen Nebenschluß- bzw. Hauptschlußmotor. Meistens kommt Anlassen durch Vorschaltwiderstand in Frage.

Die Drehzahl kann durch Verändern der zugeführten Spannung und bei Motoren mit überwiegender Nebenschlußerregung auch durch Änderung der Erregung geregelt werden. Auch kann der Doppelschlußmotor elektrisch gebremst werden. Beim Umschalten zum Zwecke des Umsteuerns des Motors muß darauf geachtet werden, daß die Stromrichtung nur im Anker geändert wird.

D. Asynchroner Drehstrommotor.

26. Allgemeine Eigenschaften.

Der asynchrone Drehstrommotor in der allgemein gebräuchlichen Anordnung besitzt in seinem feststehenden Teile, dem sog. Stator, eine Drei-Phasenwicklung, durch deren Anschluß an die 3 Phasen eines Drehstromnetzes ein Drehfeld erzeugt wird. Fig. 31 zeigt schematisch die Anordnung einer 2 poligen Trommelwicklung, wobei 1 Nute je Pol und Phase vorgesehen ist. Die Normalmotoren erhalten naturgemäß für jeden Pol und jede Phase mehrere Nuten; desgleichen ist je nach der gewünschten Drehzahl des Motors eine größere Anzahl Pole vorhanden.

Die Drehzahl des Feldes ist abhängig

1. von der Anzahl der Polpaare $= p$,
2. von der Frequenz $= \nu$.

Es ist dann die Drehzahl des Feldes

$$n_0 = \frac{60 \cdot \nu}{p}.$$

Innerhalb des Stators ist der drehende Teil, der Rotor, angeordnet, dessen Wicklung im Zustande der Ruhe von den Kraftlinien des mit der Drehzahl n_0 umlaufenden Feldes geschnitten wird. Die dadurch in der Wicklung des Rotors induzierte EMK (Elektromotorische Kraft) bringt einen Strom zustande, der außer von der Größe der EMK noch

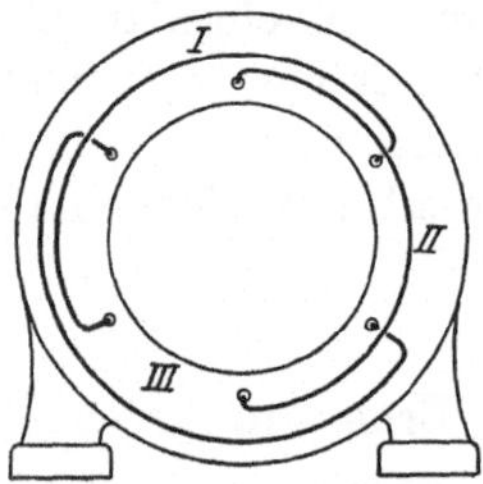

Fig. 31. Schematische Darstellung der Statorwicklung eines asynchronen Drehstrommotors.

von dem Widerstande des Rotorstromkreises abhängt. Ist die Wicklung offen, also der Widerstand unendlich, so fließt in der Wicklung kein Strom und der Rotor bleibt in Ruhe. Wird der Widerstand aber allmählich verkleinert, so wird ein Strom im Rotor fließen. Aus der Wechselwirkung zwischen dem umlaufenden Statorfeld und dem Rotorstrom wird sich ein Drehmoment ergeben, durch welches der Rotor, und zwar in der gleichen Richtung wie das Feld, gedreht wird. Die Drehzahl des Rotors muß aber immer etwas geringer sein als die des Statorfeldes, da sich sonst keine relative Geschwindigkeit zwischen Statorfeld und Rotorwicklung ergeben würde, ohne welche ein Schneiden der Rotorwicklung durch das Statorfeld nicht möglich

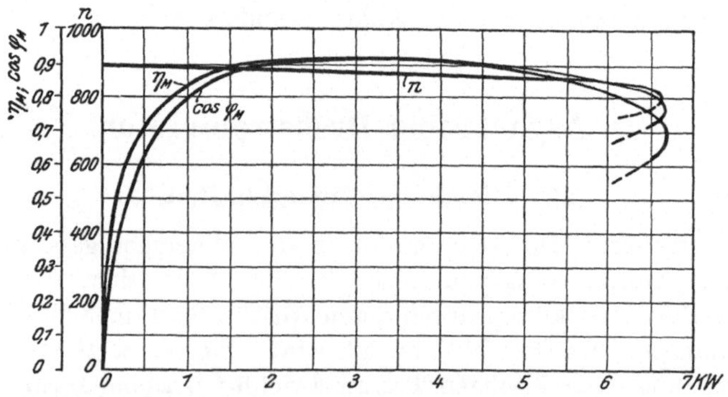

Fig. 32. Drehzahl, Wirkungsgrad und Phasenverschiebung eines asynchronen Drehstrommotors in Abhängigkeit von der Belastung.

ist. Man nennt dieses Zurückbleiben Schlupf und drückt ihn in Prozenten der Drehzahl des Drehfeldes (der synchronen Drehzahl) aus. Die Größe des Schlupfes ist von der Bauart des Motors abhängig, sie beträgt etwa 2—5% bei Vollast und ändert sich nur unwesentlich in Abhängigkeit von der Belastung. In der Fig. 32 ist die Drehzahländerung gezeichnet in Abhängigkeit von der Leistung. Es ist daraus zu ersehen, daß auch bei starker Überlastung die Drehzahl nur wenig abfällt. Erst wenn die Belastung bis zu dem sog. Kippmoment gesteigert wird, fällt der Motor plötzlich in der Drehzahl ab und bleibt stehen. Da eine Frequenz von 50 in Deutschland allgemein gebräuchlich ist, so werden die Motoren listenmäßig für folgende Drehzahlen ausgeführt:

Anzahl der Polpaare	Drehzahl des Feldes	Drehzahl des Rotors etwa:
1	3000	2950
2	1500	1450
3	1000	970
4	750	730
5	600	580
6	500	485
8	375	365
10	300	290
12	250	245

Je geringer die Drehzahl ist, desto größer wird die Anzahl der Polpaare, desto größer die Abmessungen des Motors und desto höher sein Preis. Bei kleinen Leistungen lassen sich die verlangten Polpaare überhaupt nicht unterbringen, so daß bei solchen Antrieben, falls die Drehzahl der Arbeitsmaschine eine sehr geringe ist, Reduziergetriebe zwischen Motor und Arbeitsmaschine erforderlich werden.

Was den Wirkungsgrad von asynchronen Drehstrommotoren anbelangt, so ist dieser bei gleicher Leistung und Drehzahl günstiger als bei Gleichstrommotoren. Die Höhe des Wirkungsgrades selbst ist wesentlich von der Ausführung und der Größe des Motors abhängig. Auch hier gilt allgemein der Satz, daß die kleineren Motoren einen schlechteren Wirkungsgrad haben als die großen.

Die Phasenverschiebung ist von der Ausführung des Motors und von seiner Größe und seiner Belastung abhängig. Fig. 33 zeigt für den gegebenen Motor die Phasenverschiebung in Abhängigkeit von der Belastung. Es ergibt sich daraus, daß sich der cos φ wesentlich verschlechtert bei Entlastung des Motors. In Betrieben, in denen eine große Anzahl Motoren laufen, muß daher außerordentlich darauf geachtet werden, daß die Motoren gut belastet werden. Da die Phasenverschiebung neuerdings von den Überlandwerken bei Festsetzung des Strompreises mit berücksichtigt wird, so ist es wesentlich, eine dauernde Betriebskontrolle der richtigen Belastung der Motoren einzurichten, da oft durch Umstellung der Arbeitsmaschinen, durch Änderung des Fabrikationsprogrammes usw., besonders bei Gruppenantrieben, eine Änderung der Belastung des Motors eintritt. Kontrollmessungen in großen Fabrikanlagen haben gezeigt, daß sich dabei Betriebszustände ergeben können, bei welchen der früher vollbelastete Motor nur noch mit 10% belastet lief.

Auf die absolute Höhe der $\cos\varphi$-Kurve ist die Größe des Luftspaltes zwischen Stator und Rotor von erheblichem Einfluß, und zwar wird bei demselben Motor die Phasenverschiebung um so schlechter, je größer der Luftspalt gemacht wird. Es müßte also danach gestrebt werden, den Luftspalt so klein wie möglich zu machen. Eine Grenze ist hier mit Rücksicht auf die Betriebssicherheit gezogen, da bei zu kleinem Luftspalt infolge der allmählich eintretenden Lagerabnutzung ein Streifen des Rotors am Stator eintreten könnte. Dies führt dann oft infolge des Reißens der Bandagen zu erheblicher Zerstörung des Motors. Es muß daher besonders bei schweren, sehr beanspruchten Betrieben auf reichlichen Luftspalt geachtet werden.

Was die Spannung anbelangt, für welche die Motoren ausgeführt werden können, so wäre zu bemerken, daß in dieser Beziehung ein ziemlich weiter Spielraum vorhanden ist. Die Höhe der Spannung, für welche ein Motor ausgeführt werden kann, ist durch seine Leistung bestimmt. Kleinere Motoren können nur für niedrigere, größere für höhere Spannung ausgeführt werden. Als Anhaltspunkt mögen folgende Angaben dienen:

Leistung des Motors bis	3	12	25	60	100	250 kW
Zulässige Betriebsspannung	1100	2200	3300	5500	6600	11000 Volt

27. Anlassen ohne besondere Anlaßapparate.

Jeder Motor mit kurzgeschlossenem Anker kann ohne besondere Hilfsapparate in der Weise angelassen werden, daß der Stator durch einen einfachen dreipoligen Schalter an die volle Netzspannung angeschlossen wird. Diese an und für sich sehr einfache Anlaßmethode hat den Nachteil, daß beim Einschalten des Motors ein hoher Stromstoß, der das $4^1/_2$—$6^1/_2$fache des Vollaststromes beträgt, auftritt. Daher sind einschränkende Bestimmungen der Elektrizitätswerke vorhanden, welche die Verwendung von Kurzschlußankermotoren mit einfachem Statorschalter nur bis zu bestimmten Größen (etwa 3 bis 7 kW) zulassen. Aber auch bei eigenen Anlagen wird man nicht gern über diese Leistungen hinausgehen, wenn nicht besondere Gründe dafür vorhanden sind, Motoren mit Kurzschlußanker und einfacher Statoreinschaltung zu verwenden, weil sich die heftigen Stromstöße im Netz unangenehm bemerkbar machen. Naturgemäß muß bei der Erwägung, bis zu welcher Leistung diese Anlaßmethode zugelassen werden kann, die Größe der Zentrale berücksichtigt werden, insofern als eine größere Zentrale höhere Stromstöße zuläßt als eine kleinere. Eine weitere Einschränkung dieser Anlaßmethode ist auch dadurch gegeben, daß das Anlaufdrehmoment nicht beliebig eingestellt werden kann, sondern von der Größe und Ausführung des Motors abhängt; es geht bei größeren

Motoren bis auf das 0,5fache des normalen herunter, bei kleineren bis auf das $1-1^1/_2$fache des normalen herauf.

Wegen des hohen Anlaufstromes müssen bezüglich der Sicherung des Motors besondere Vorkehrungen getroffen werden. Würde beim Anlassen in der Zuleitung die für die normale Dauerbelastung des Motors bemessene Sicherung eingeschaltet sein, so würde diese unbedingt während des Anlassens durchbrennen. Würde andererseits die Sicherung unter Berücksichtigung des hohen Anlaufstromes bemessen werden, dann würde während des normalen Betriebes der Motor nicht genügend gesichert werden. Man verwendet daher am besten Umschalter, bei welchen für den Anlauf und für den normalen Betrieb Sicherungen für verschiedene Stromstärken vorhanden sind (Fig. 33).

28. Anlassen durch Veränderung der zugeführten Spannung.

Die hohen Stromstöße beim Anlassen von Kurzschlußankermotoren könnten dadurch vermieden werden, daß die Spannung an der Statorwicklung beim Anlassen von 0 bis zum Höchstwert allmählich erhöht wird. Da aber das Drehmoment etwa mit dem Quadrat der Spannung abnimmt, so kann mit dieser Methode kein hohes Anlaufmoment erzielt werden. Dementsprechend ist das Anwendungsgebiet auch nur ein beschränktes. Die Verringerung der Spannung könnte durch Vorschalten

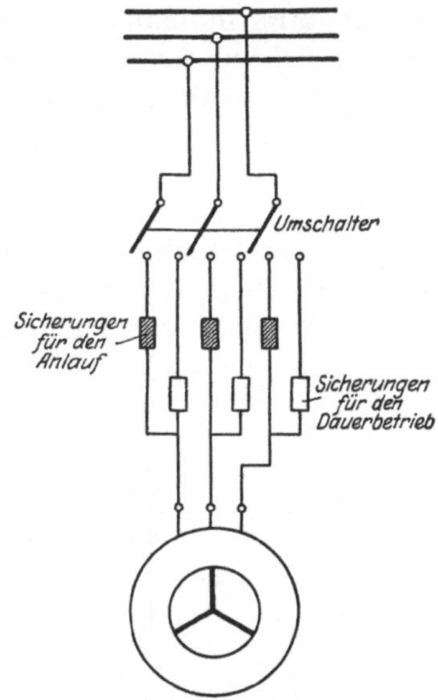

Fig. 33. Asynchroner Drehstrommotor mit Anlaß-Umschalter.

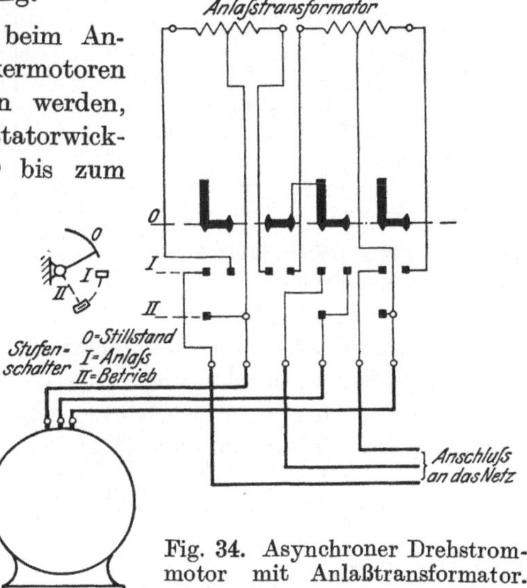

Fig. 34. Asynchroner Drehstrommotor mit Anlaßtransformator.

von Widerständen in der Statorzuleitung erreicht werden. Diese Anordnung ist aber nicht gebräuchlich, besonders wegen der Schwierig-

keit der Ausführung der Anlasserkontakte bei Hochspannungsmotoren. Man verwendet vielmehr zur Verringerung der Spannung
sog. Anlaßtransformatoren in Verbindung mit Stufenschaltern. Fig. 35
zeigt das Schema für das Anlassen eines asynchronen Drehstrommotors
bis zu einer Leistung von 150 kW und 3300 Volt. Eine solche Anordnung ist z. B. bei Motoren für Abteufpumpen gebräuchlich. Diese
Motoren, die mit Rücksicht auf den sehr nassen Betrieb ganz geschlossen
ausgeführt werden müssen, wozu sich der Kurzschlußankermotor am
besten eignet, erhalten Anlaßtransformatoren zum Anlassen, die über
Tag aufgestellt werden, da andere Anlaßapparate in der Nähe des Motors
im Schacht nicht Verwendung finden können.

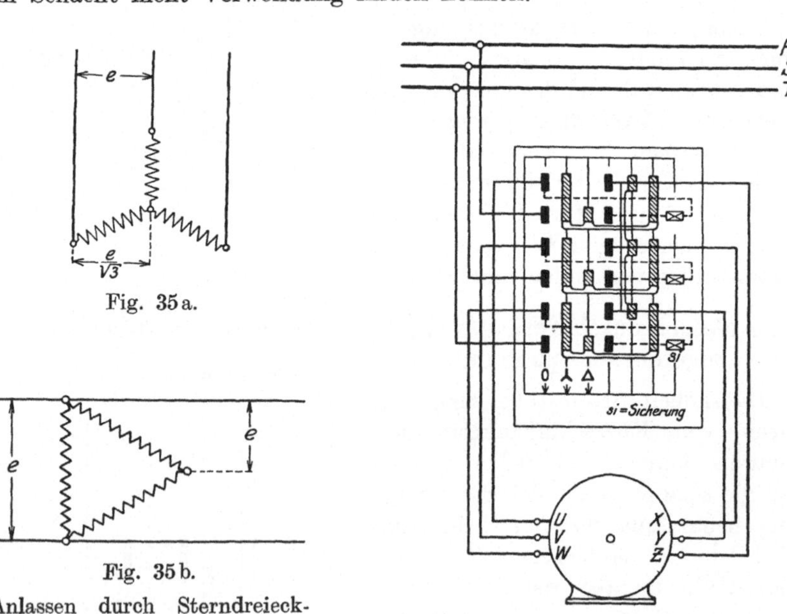

Fig. 35a.

Fig. 35b.

Anlassen durch Sterndreieck-
Umschaltung.

Fig. 36.   Sterndreieck-Anlasser.

Am gebräuchlichsten ist bei kleinen Motoren Spannungsverringerung
durch die Sterndreieckschaltung. Hierbei wird die Wicklung des Stators
beim Anlassen in Stern geschaltet, wodurch die Spannung an den
Klemmen des Stators auf den Wert

$$\frac{\text{Netzspannung}}{\sqrt{3}}$$

erniedrigt wird.

Bei der zweiten Anlaßstufe wird dann auf Dreieck umgeschaltet
und die Statorwicklung erhält dann die volle Klemmenspannung (vgl.
Fig. 35). Dadurch wird der Stromstoß auf den etwa 2—4fachen

Wert des normalen verringert. Bei den Motoren für diese Schaltungsart müssen also 6 Enden der Wicklung herausgeführt und auch besondere Sterndreieckanlasser vorgesehen werden (vgl. Fig. 36). Die an und für sich einfache Anlaßmethode, bei welcher Kurzschlußankermotoren und einfache Steuerapparate verwendet werden können, hat wegen des erwähnten Nachteiles ein beschränktes Anwendungsgebiet.

29. Anlassen durch Veränderung des Rotorwiderstandes.

Wird ein asynchroner Drehstrommotor mit offener Rotorwicklung an das Netz angeschlossen, so nimmt er nur den verhältnismäßig geringen Magnetisierungsstrom auf. Dabei ist das Drehmoment gleich Null. Wird in die Rotorleitung ein Widerstand eingeschaltet und dessen Größe stufenweise verkleinert, dann wird ein dementsprechendes Anwachsen des Stator- und Rotorstromes und des Drehmomentes erfolgen und ein stoßfreies Anlassen des Motors erzielt. Durch richtige Bemessung des Anlaßwiderstandes kann das höchstmögliche Anlaufdrehmoment (etwa das 2,5fache des normalen) erreicht werden. Fig. 38 zeigt das Schema eines Motors mit Anlaßwiderständen im Rotor. Die Vorteile dieser Anlaßmethode bestehen in einem hohen Anlaufmoment und einem geringen Stromstoß. Die Anlaufstomstärke richtet sich nach dem Drehmoment und ist bei normalem Anlauf etwa so hoch wie bei Volllast; sie wächst etwa verhältnisgleich mit diesem. Naturgemäß bedingt diese Anlaßmethode die Ausführung des Motors mit Schleifringrotor. Zum Schutze der Bürsten bzw. zur Verringerung der Abnutzung ist bei den meisten Motoren eine Bürstenabhebe- und Kurschluß-Vorrichtung vorgesehen. Nach Erreichung der vollen Drehzahl werden durch die Betätigung eines Handrades oder Hebels am Motor die Bürsten abgehoben und die Rotorwindungen kurz geschlossen. Bei dieser Anordnung besteht naturgemäß die Gefahr, daß nach dem Stillsetzen des Motors vergessen wird, die Bürstenabhebe- und Kurzschluß-Vorrichtung wieder in die Anlaufstellung zurückzudrehen. Wird dann der stillstehende Motor eingeschaltet, so können durch den hohen Stromstoß unangenehme Betriebsstörungen hervorgerufen werden. Es empfiehlt sich daher, dort, wo ungeschultes Personal vorhanden ist und evtl. Betriebsstörungen besonders ins Gewicht fallen, Vorrichtungen vorzusehen, bei welchen eine Betätigung des Anlaßschalters nur dann möglich ist, wenn die Bürstenabhebe- und Kurzschluß-Vorrichtung in der Anlaßstellung stehen. Motoren, die oftmalig angelassen und stillgesetzt werden, bei denen also die Bürstenabhebe- und Kurzschlußvorrichtung nicht verwendbar ist, müssen für Dauerbetriebe entsprechend verstärkte Bürsten und Schleifringe erhalten. Bei Bestellung solcher Motoren ist hierauf besonders zu achten. In Frage kommen z. B. Motoren für Krane, Aufzüge, Rollgänge, Werkzeugmaschinen, bei denen also ein häufiges

Ein- und Ausschalten erfolgt. Die Leitungen zwischen Motor und Anlaßwiderstand müssen bei solchen Antrieben reichlich bemessen werden, damit nicht zu hohe Spannungsabfälle in der Leitung auftreten, wodurch der Schlupf vergrößert und der Wirkungsgrad des Motors verschlechtert würde.

30. Drehzahlregelung durch Polumschaltung.

Die Drehzahl des asynchronen Drehstrommotors ist abhängig von der Drehzahl des Feldes und vom Schlupf. Die Drehzahl des Feldes ist wiederum abhängig von der Frequenz und von der Polzahl. Will man also die Drehzahl dauernd ändern, so ist eine Beeinflussung dieser Faktoren erforderlich. Die Frequenz kann nicht geändert werden, da hierfür die Aufstellung besonderer Maschinen erforderlich wäre, deren Frequenz geändert werden müßte. Eine Drehzahländerung ist daher nur durch Änderung der Polzahl oder des Schlupfes möglich.

Da der Stator eines asynchronen Drehstrommotors nicht ausgeprägte Pole hat, so ist es möglich, durch entsprechende Umschaltung der Wicklung je nach Bedarf die Zahl der Pole in gewissem Umfange zu ändern. Solche Motoren nennt man polumschaltbare Motoren. Eine gebräuchliche Ausführung ist die mit 2, 3 und sogar 4 verschiedenen Polzahlen und mit dementsprechenden verschiedenen Geschwindigkeiten. Für die Bemessung des Motors ist es von wesentlichem Einfluß, ob das Drehmoment oder die Leistung bei allen Umdrehungszahlen dieselbe bleiben soll oder nicht. Bei einer Wicklung für 2 Polzahlen wird z. B. die Wicklung pro Pol unterteilt und bei unverändertem Drehmoment die beiden Wicklungshälften zur Erreichung der höheren Drehzahl in Reihe und zur Erreichung der niedrigen Drehzahl parallel geschaltet. Hingegen wird bei gleichbleibender Leistung die Wicklung stets parallel geschaltet, wobei die niedrigere Drehzahl durch Gegeneinanderschaltung der Wicklungshälften erreicht wird. Die Motoren mit polumschaltbaren Wicklungen haben im großen und ganzen nur geringe Anwendung gefunden. Sie sind verhältnismäßig teuer in der Herstellung, haben bei geringen Drehzahlen eine schlechte Phasenverschiebung und einen ungünstigen Wirkungsgrad. Näheres hierüber zeigt die Tabelle. Ein weiterer Nachteil besteht darin, daß man mit den Drehzahlstufen an die durch die Drehstromverhältnisse gegebenen Werte gebunden ist. In einfacher Weise kann man beispielsweise eine Regelung nur im Verhältnis 1 : 2, also für 500/1000 oder 750/1500 ausführen. Zwischenstufen zwischen 1000 und 1500 oder 1000 und 750 sind auch möglich, bedingen aber eine komplizierte Wicklung. Ein weiterer Nachteil ist noch der, daß der Motor meist mit Kurzschlußanker ausgeführt wird, daher keine günstigen Anlaufverhältnisse erzielbar sind. Ausführungen mit Schleifringrotor bedingt eine teuere Rotorwicklung und meist mehr als drei Schleifringe. Immerhin kann für kleinere Antriebe, bei denen es sich um Einstellung fester Drehzahlstufen handelt, der polumschaltbare Motor mit Vorteil Verwendung finden.

Tabelle über die Daten eines polumschaltbaren Motors.

Polzahl	Leistung kW	η %	cos φ	Synchron. Drehzahl
4	31	85	0,87	1500
6	12	78	0,8	1000
8	9,6	79	0,79	750
12	8,8	73	0,68	500
16	6,4	62	0,6	375
24	4,4	56	0,52	250

31. Regelung durch Veränderung des Schlupfes.

Der Schlupf ist abhängig von der Größe des Rotorwiderstandes. Der Rotorwiderstand läßt sich wiederum ändern, wenn in seinem Stromkreis zusätzliche, veränderliche Widerstände eingeschaltet werden. Ein Anlaßwiderstand nach Fig. 37 kann demnach, wenn er genügend reichlich bemessen ist, ohne weiteres zur Drehzahlregelung verwendet werden. Die Regelung wird demnach an und für sich in der Anordnung sehr einfach; doch hat sie zu viel Nachteile, so daß sie praktisch nur in beschränktem Maße Verwendung finden kann. Ein wesentlicher Nachteil besteht darin, daß die entsprechend eingestellte Drehzahl sich nur dann nicht ändert, wenn die Belastung gleich bleibt. Ändert sich aber die Belastung, so ändert sich auch die Drehzahl und zwar in der Form, daß bei zunehmender Belastung der Motor abfällt, bei abnehmender der Motor aber in seiner Drehzahl in die Höhe geht und bei Entlastung nahezu die synchrone Drehzahl erreicht. Fig. 38 zeigt die Änderung der Drehzahl bei einem gegebenen Regelwiderstand in Abhängigkeit von der Belastung. Da die meisten Antriebe mit einer mehr oder weniger großen Belastungsänderung arbeiten, so müßte, um eine bestimmte Drehzahl einzuhalten, eine dauernde Veränderung des Widerstandes, also ein dauerndes Nachregulieren erfolgen. Dieses ist aber nur bei einzelnen Antrieben zulässig und möglich.

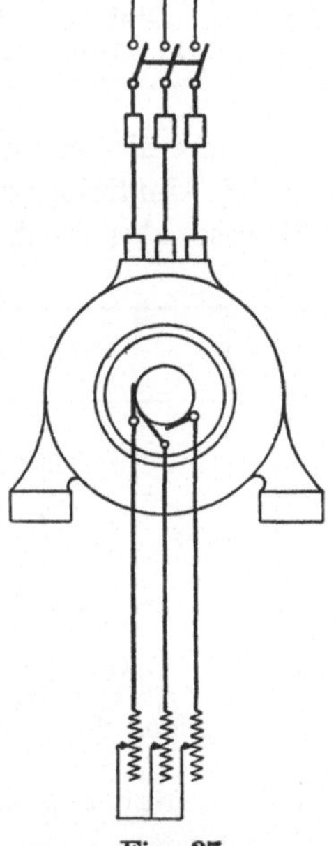

Fig. 37.
Anlassen eines asynchronen Motors mittels Rotorwiderstand.

Ein weiterer Nachteil ist der schlechte Wirkungsgrad. Fig. 39 zeigt die Verschlechterung des Wirkungsgrades für eine bestimmte Belastung in Abhängigkeit von der Drehzahlverminderung. Danach geht 'der Wirkungsgrad praktisch proportional mit der Drehzahlverminderung

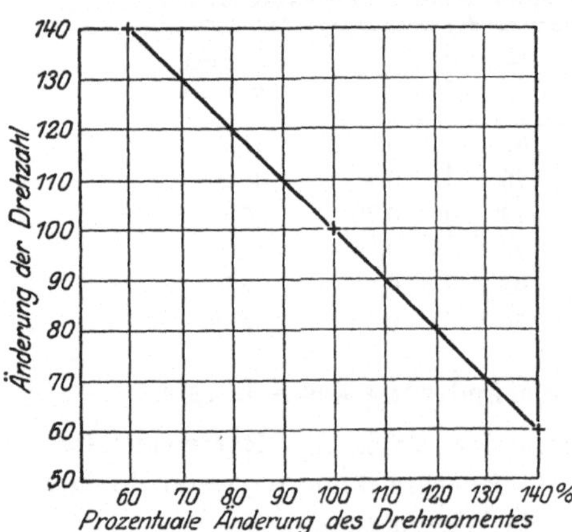

Fig. 38. Drehzahländerung eines asynchronen Drehstrommotors in Abhängigkeit von der Belastung bei Widerstandsregelung.

herunter, wobei der größte Teil der Verluste in dem Rotorwiderstand entsteht. Motoren für größere Regelbereiche arbeiten daher bei Regelung durch Verminderung des Schlupfes außerordentlich unwirtschaftlich. Ferner ist noch zu berücksichtigen, daß diese Art Regelung nur konstantes Drehmoment abgibt. Braucht man also beispielsweise einen Motor, der 20 kW bei 750 und bei 1500 leisten soll, so ist man gezwungen, einen Motor zu wählen, der bei 1500 Umdrehungen 40 kW leistet. Würde

ein 20 kW-Motor bei 1500 Umdrehungen gewählt, so würde dieser Motor bei 750 Umdrehungen nur etwa 10 kW leisten. Oft werden die Verhältnisse aber noch ungünstiger, da infolge der abnehmenden Drehzahl die Ventilation schlechter wird und daher mit Rücksicht auf die stärkere Erwärmung die Leistung noch weiter abnimmt.

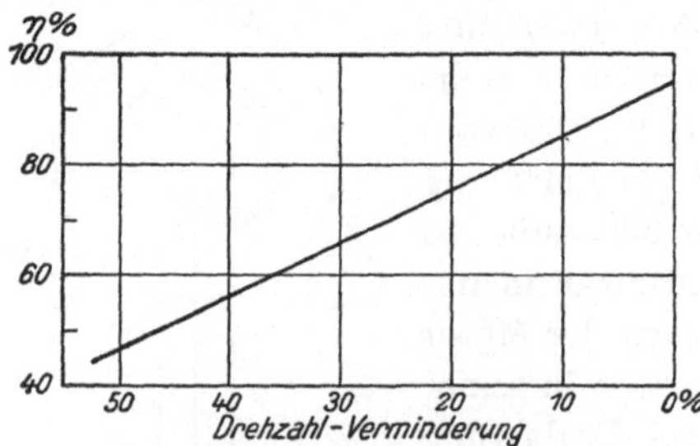

Fig. 39. Wirkungsgrade eines asynchronen Drehstrommotors bei Drehzahl-Regelung durch Widerstände.

32. Kaskadenschaltung.

Um die Nachteile der Regelung der Drehzahl durch Rotorwiderstand zu umgehen, verwendet man Anordnungen, bei denen die Rotorenergie nicht vernichtet, sondern in geeigneter Form

wieder nutzbar gemacht wird. Es gibt verschiedene Ausführungsmöglichkeiten: Bei der Kaskadenschaltung werden 2 normale Asynchronmotoren, die auf dieselbe Welle arbeiten, hintereinander geschaltet, und zwar in der Weise, daß der Stator des Hintermotors an den Rotor des Vordermotors angeschlossen wird (vgl. Fig. 40). Hierbei können die beiden Motoren entweder unmittelbar oder durch eine veränderliche Übertragung, z. B. eine Riemenübertragung, gekuppelt sein.

Bezeichnet p_1 die Polpaarzahl des Vordermotors,
    p_2 die Polpaarzahl des Hintermotors,
dann ist die Drehzahl des Maschinensatzes

$$n = \frac{60 \cdot v}{p_1 + p_2}.$$

Besitzen beide Motoren die gleiche Polzahl und sind sie unmittelbar gekuppelt, so lassen sich 2 Geschwindigkeiten einstellen, und zwar, indem der Vordermotor allein arbeitet, mit kurzgeschlossenem Anker, dann ist die Drehzahl

$$n = \frac{60 \cdot v}{p_1},$$

oder beide Motoren arbeiten hintereinander, wobei sich dann die halbe Drehzahl ergibt. Durch Änderung der Übersetzung zwischen den beiden Motoren, also z. B. durch Änderung der Riemenübersetzung, lassen sich noch

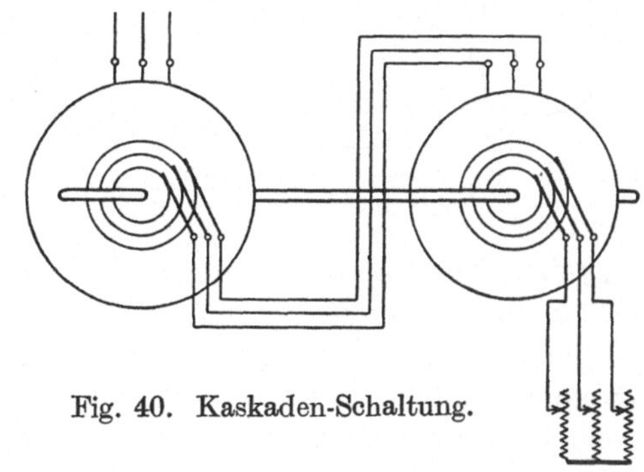

Fig. 40. Kaskaden-Schaltung.

weitere Drehzahlen einstellen. Die Anwendung der Kaskadenschaltung ist eine begrenzte, da auch nur eine stufenweise Einstellung verschiedener Drehzahlen möglich ist und dies auch noch eine längere Zeit beansprucht. Man verwendet daher die Kaskadenschaltung nur für solche Antriebe, bei welchen eine Drehzahländerung nur in großen Zeiträumen erforderlich wird, wie z. B. bei Grubenventilatoren.

33. Drehzahlregelung unter Verwendung von besonderen Hilfsmotoren.

Eine andere Abart der Kaskadenschaltung besteht darin, daß anstelle des Hintermotors, der bei der Kaskadenschaltung ein Asynchronmotor ist, ein Drehstrom - Kollektormotor (näheres siehe Abschnitt „Drehstrom-Kollektormotor") verwendet wird, der gleichfalls die Schlupfverluste des Rotors des Vordermotors nutzbar an die Welle abgibt (Fig. 41). Als Hintermotor wird ein Kollektormotor verwendet mit Reihenschluß- oder Nebenschluß-Charakteristik, woraus sich dann die Charakteristik des gesamten Antriebes ergibt. Bei den üblichen Ausführungen muß der Hintermotor entsprechend der gewünschten Regelung und der verlangten Leistung ausgeführt werden. Soll z. B. der Regelsatz 100 kW gleichbleibende Leistung bei 50% Drehzahlverminderung abgeben, so muß der Hintermotor für 50% Leistung, also für 50 kW, bei der geringsten Drehzahl bemessen werden.

Die Regelung durch Drehstrom-Kollektormotor ermöglicht eine feinstufige Einstellung über den ganzen Regelbereich und eine Verbesserung der Phasenverschiebung.

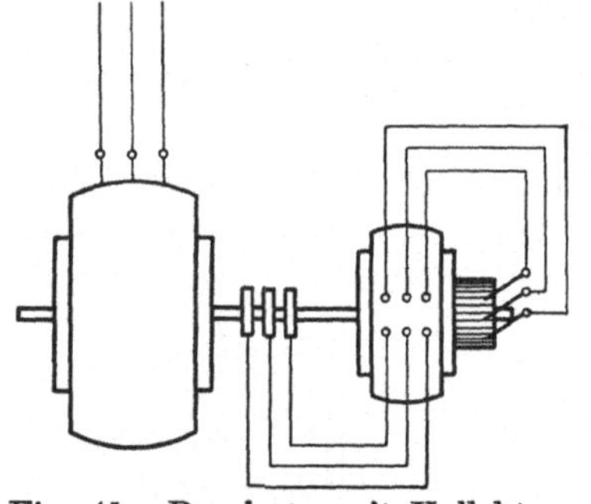

Fig. 41. Regelsatz mit Kollektor-Hintermotor.

Die Verluste des Rotors können auch in der Weise nutzbar gemacht werden, daß sie einem Einankerumformer zugeführt, in diesem umgeformt und dann entweder unmittelbar an die Hauptwelle oder an das Netz zurückgegeben werden. Bei der sog. Gleichstromkaskade ist als Regelsatz ein Einankerumformer vorgesehen (Fig. 42), in welchem der vom Rotor des Vordermotors kommende Wechselstrom in Gleichstrom umgeformt und an einen mit der Hauptwelle gekuppelten Gleichstrommotor abgegeben wird.

Bei der Rücklieferung der Energie ans Netz kuppelt man den Gleichstrommotor statt mit dem Hauptmotor mit einem besonderen Asynchrongenerator, oder man verwendet als Hintermotor einen Drehstrom-Kollektormotor, ähnlich Fig. 41, der aber nicht unmittelbar auf die Hauptwelle arbeitet, sondern gleichfalls einen auf das Netz arbeitenden Asynchrongenerator antreibt.

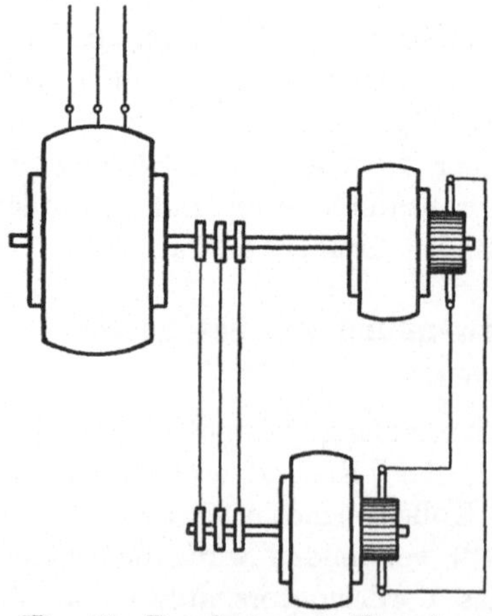

Fig. 42. Regelsatz mit Einankerumformer.

Regelsätze in der beschriebenen Form werden nur für größere Sonderantriebe, vor allem für Walzwerksantriebe, verwendet; sie sind in der Anschaffung teuer und daher nur dann wirtschaftlich, wenn es sich um dauernde und weitgehende Drehzahlregelung handelt.

Die Gleichstromregelsätze sind trotz höheren Preises zur Zeit vorzuziehen, da der Drehstrom-Kollektormotor sich noch in seiner Entwicklung befindet und daher ein Versagen nicht ohne weiteres ausgeschlossen ist.

34. Umsteuern.

Die Drehrichtung des Asynchron-Drehstrommotors ist von der Drehrichtung seines Feldes abhängig. Um also die Drehrichtung des

Motors zu ändern, ist es erforderlich, die des Feldes umzukehren, was durch Vertauschen von 2 Phasen erfolgt. Zum Vertauschen dieser beiden Phasen genügt ein zweipoliger Umschalter. Will man den Umschalter jedoch gleichzeitig zum Abschalten aller 3 Phasen benutzen, so muß dementsprechend ein dreipoliger Umschalter verwendet werden.

35. Bremsen.

Eine Bremsung ist bei dem asynchronen Drehstrommotor nur in beschränktem Umfange möglich. Einen abgeschalteten Motor in ähnlicher Weise wie bei Gleichstrom durch Kurzschließen auf 0 elektrisch abzubremsen, ist nicht möglich. Man muß daher dort, wo die Bedingung gestellt wird, daß beim Ausschalten selbsttätig der Antrieb schnell stillgesetzt wird, eine mechanische Bremse vorsehen.

Da durch Vertauschen von 2 Phasen die Drehrichtung des Feldes und damit die Drehrichtung des Motors bzw. die Richtung des Drehmomentes umgekehrt wird, so läßt sich dadurch, daß der in der einen Drehrichtung laufende oder von der Last angetriebene Motor umgeschaltet wird, eine sehr starke elektrische Bremsung erreichen. Naturgemäß wird ein sehr heftiger Stromstoß auftreten, wenn die Umschaltung bei kurzgeschlossenem Rotorwiderstand erfolgen würde. Daher wird meist so verfahren, daß erst der Anlaßwiderstand allmählich vergrößert wird bis zu dem Höchstwert, worauf dann eine Umkehrung der Drehrichtung des Feldes erfolgt und der Motor dann langsam durch Verkleinerung des Rotorwiderstandes auf entgegengesetztes Drehmoment eingeschaltet wird. Auf diese Weise kann durch Gegenstromgeben ein sehr schnelles Stillsetzen des Motors erfolgen. Diese Art Bremsung bedingt naturgemäß eine genaue Beobachtung des Motors, da bei nicht rechtzeitigem Ausschalten des Motors dieser dann in entgegengesetzter Richtung nach Stillsetzen des Antriebes anlaufen wird. Die Gegenstrombremsung eignet sich also nur für solche Betriebe, bei denen eine ständige Betätigung der Steuerorgane durch einen besonderen Bedienungsmann erfolgt, also z. B. bei Kranen, Rollgängen usw.

Ändern sich die Belastungsverhältnisse des Motors so, daß das Drehmoment der Last dem Drehmoment des Motors gleich gerichtet wird, daß also der Drehstrommotor durch die Last angetrieben wird, was z. B. beim Einhängen von Lasten im Förderbetrieb eintreten kann, so wird die Drehzahl der Arbeitsmaschine, also auch des Motors, ansteigen. In dem Augenblick, wo die synchrone Drehzahl überschritten wird, fängt der asynchrone Drehstrommotor an als Generator zu arbeiten und Energie ans Netz zurückzuliefern. Der Motor wirkt dann als Bremse. Die Drehzahl ändert sich nicht, solange das Gegendrehmoment des Motors sich mit dem von der Last ausgeübten Drehmoment im Gleichgewicht befindet. Es kann also auf diese Weise die Last mit gleicher Geschwindigkeit gesenkt werden, es kann aber nicht ein Stillsetzen erfolgen.

E. Drehstrom-Synchronmotor.

36. Kennzeichen.

Der Stator des Drehstrom-Synchronmotors ist in gleicher Weise aufgebaut wie der eines Asynchronmotors. Es wird also auch hier bei Anschluß an ein Dreiphasennetz ein Drehfeld erzeugt. Der wesentliche Unterschied besteht darin, daß der Rotor eine für Gleichstrom bestimmte Wicklung erhält, und daß der Strom im Rotor nicht durch das Schneiden der Kraftlinien des Drehfeldes wie beim asynchronen Drehstrommotor erzeugt wird, sondern durch Anschluß an eine Gleichstromspannung. Es ist daher erforderlich, dem Anker über Schleifringe Gleichstrom zuzuführen. Dabei wird der Rotor meistens mit festausgebildeten Magnetpolen versehen werden. Nur bei raschlaufenden Maschinen mit geringer Polzahl erhält der Rotor die Form einer Trommel. Die Drehzahl des Rotors bleibt beim Synchronmotor nicht wie beim Asynchronmotor hinter der des Feldes zurück, sondern der Rotor läuft mit derselben Drehzahl wie das Feld, er läuft synchron. Infolge des Aufbaues des Synchronmotors kann dieser ein Drehmoment nur beim synchronen Lauf abgeben, nicht aber beim stillstehenden Rotor; daher ist ein Anlauf ohne besondere Hilfsmittel nicht möglich. Dies ist naturgemäß ein ganz erheblicher Nachteil, wodurch die Anwendung des Synchronmotors bis jetzt eine sehr beschränkte gewesen ist. Ein weiterer Nachteil besteht darin, daß der Synchronmotor Gleichstrom zur Erregung braucht, daß also unter Umständen für den Motor eine besondere Erregermaschine vorgesehen werden muß. Ein großer Vorteil der Maschine ist jedoch der gute Leistungsfaktor. Durch Übererregung kann man eine Phasenverbesserung des Netzes erzielen, so daß man versuchen muß, nach Möglichkeit in den Betrieben Synchronmotoren unterzubringen. Eine Verwendungsmöglichkeit ist dadurch gegeben, daß für den Anlauf eine besondere Leerlaufvorrichtung angeordnet wird und die Umschaltung erst, nachdem die synchrone Drehzahl erreicht ist, erfolgt. Gut verwenden lassen sich die Synchronmotoren auch als Antriebsmotoren für Drehstrom-Gleichstromumformer.

37. Anlassen.

Im wesentlichen sind zwei Anlaßmethoden gebräuchlich. Beim Anlassen mittels Hilfsmotor ist ein besonderer kleiner Anwurfsmotor vorgesehen, mit welchem der Synchronmotor gekuppelt wird. Durch das Anlassen des Anwurfsmotors wird der Synchronmotor erst auf

Synchronismus gebracht, dann mit dem Drehstromnetz parallel geschaltet, worauf dann die Belastung erfolgen kann.

Durch Einbau von besonderen Hilfswicklungen im Rotor kann aber auch ein Selbstanlauf ohne besonderen Anwurfsmotor erfolgen. Gewöhnlich wird in den ausgeprägten Polen des Rotors eine Zusatzwicklung vorgesehen, welche auch den Vorteil hat, daß sie als Dämpferwicklung wirkt, die Neigung zum Pendeln und zum Außertrittfallen demnach aufhebt. Um einen hohen Stromstoß beim Einschalten des als Asynchronmotor laufenden Synchronmotors zu vermeiden, ist ein besonderer Anlaßtransformator erforderlich, und zwar ist bei Motoren von 200—300 kW meistens eine Anlaß- und eine Betriebsstufe, bei Motoren von höherer Leistung 2 Anlaß- und eine Betriebsstufe vorzusehen. Beim Einschalten wird der Synchronmotor zuerst nicht erregt; erst wenn die Drehzahl des Rotors bis auf die bei asynchronen Motoren gebräuchliche hinaufgegangen ist, wird die Erregung eingeschaltet, worauf der Synchronmotor in den Synchronismus hineingezogen wird. Durch diese Wicklung verhält sich der Synchronmotor beim Anlauf wie ein Asynchronmotor, nur daß sein Anlauf-Drehmoment infolge der behelfsmäßigen Ausführung dieser Wicklung nur etwa $1/_3$ des normalen beträgt, der Anlaufstrom etwa das 1,5- bis 2fache.

F. Wechselstrom-Kollektormotor.

38. Drehstrom-Kollektormotor.

Die Schwierigkeit der Regelung eines gewöhnlichen Asynchron-Drehstrommotors führte zu dem Bestreben nach der Durchbildung eines regelbaren Drehstrommotors, bei welchem die hohen Verluste vermieden und möglichst ein Nebenschlußcharakter erreicht wird. Ein solcher Motor ist der Drehstrom-Kollektormotor. Er besitzt, wie schon der Name sagt, einen Anker mit Kollektor, und zwar ist der Anker ähnlich einem Trommelanker der Gleichstrommotoren ausgebildet. Der Stator hingegen gleicht in seinem Aufbau dem eines asynchronen Drehstrommotors. Der Drehstrom-Kollektormotor kann sowohl als Reihenschluß- als auch als Nebenschlußmotor ausgebildet werden. Wenn auch diese Motoren unzweifelhafte Vorzüge besitzen, die in erster Linie in dem bedeutend besseren Wirkungsgrad bei Drehzahlregelung liegen, so darf nicht übersehen werden, daß, trotzdem die Motoren schon seit Jahren bekannt sind, die Durchbildung derselben bis jetzt zu keinem eigentlichen Abschluß gelangt ist. Es haben sich bei den ausgeführten Motoren immer wieder Schwierigkeiten gezeigt, da die zu bewältigenden Probleme, vor allem das Problem der Kommutierung, außerordentlich schwierig sind. Wenn auch eine ganze Anzahl von Motoren bereits laufen, deren Arbeiten als zufriedenstellend betrachtet werden können, so ist immerhin bei der Beschaffung von Drehstrom-Kollektormotoren mit Vorsicht vorzugehen und alle in Frage kommenden Faktoren gründlich zu erwägen und zu prüfen.

Bei dem Drehstrom-Reihenschlußmotor sind der Stator und Rotor hintereinander geschaltet (vgl. Fig. 43). Da die Ankerspannung mit Rücksicht auf gute Kommutierung nur bis zu einer bestimmten Höchstgrenze ausgeführt werden kann, so wird bei Hochspannungsmotoren über 500 Volt meist ein besonderer Transformator erforderlich. Dieser Transformator kann entweder als Vordertransformator vor die Statorwicklung, oder als Zwischentransformator zwischen Statorwicklung und Anker geschaltet werden. Fig. 43 zeigt das Schaltungsschema eines Drehstrom-Reihenschlußmotors mit einfachem Bürstensatz und Vordertransformator, Fig. 44 einen gleichen Motor mit doppeltem Bürstensatz und Zwischentransformator.

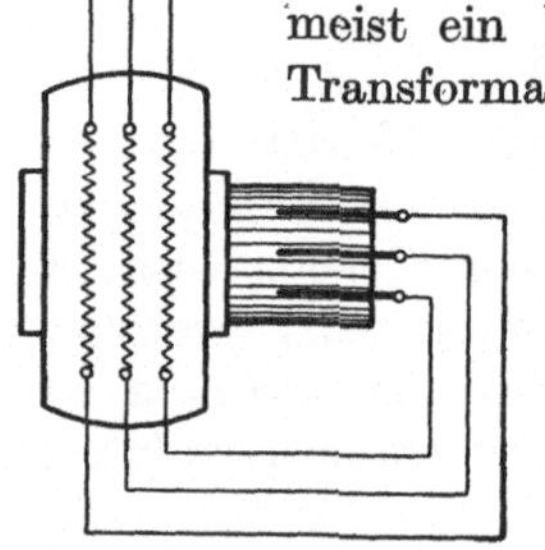

Fig. 43. Drehstrom-Kollektormotor mit einfachem Bürstensatz und Vordertransformator.

Durch die Bürstenverschiebung kann der Motor angelassen und gesteuert werden und zwar kann bei einfachem Bürstensatz der Motor nur etwa mit dem normalen Drehmoment, wohingegen mit doppeltem Bürstensatz mit dem etwa zweifachen Drehmoment anlaufen. Die Drehzahlregelung ist mit einfachem Bürstensatz, etwa in den Grenzen 1 : 2 bis 2,5, wohingegen beim doppelten Bürstensatz bis etwa 1 : 3 möglich. Das Anlassen und Regeln kann auch durch Spannungsänderung bei feststehenden Bürsten erfolgen. Es ist hierfür dann ein besonderer Regeltransformator erforderlich. Die Ausführung ist daher teuer, und, falls der Regeltransformator nicht als Drehtransformator ausgeführt wird, auch nicht so feinstufig wie bei der Anordnung durch Anlassen und Regeln mittels Bürstenverschiebung. Der Drehstrom-Reihenschlußmotor verhält sich ähnlich wie der Gleichstrom-Reihenschlußmotor. Fig. 45 zeigt die Kennlinien für die Drehzahlen, die Stromstärke, die Leistung, den Wirkungsgrad und die Phasenverschiebung eines Drehstrom-Reihenschlußmotors mittlerer Größe bei konstanter Bürstenstellung und veränderlichem

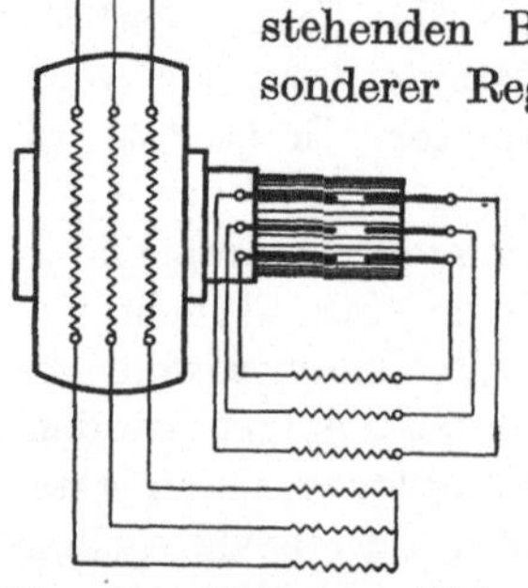

Fig. 44. Drehstrom-Kollektormotor mit doppeltem Bürstensatz und Zwischentransformator.

Drehmoment. Der Wirkungsgrad des Drehstrom-Kollektormotors ist gegenüber dem eines asynchronen Drehstrommotors mit Regelung durch Widerstände im Rotor im Mittel günstiger. Nur bei voller Drehzahl des asynchronen Drehstrommotors wird dessen Wirkungsgrad infolge Fortfalls der Kollektorverluste besser als der des Kollektormotors. Ähnlich wie der Reihenschlußmotor verhält sich auch der Drehstrom-Nebenschlußmotor, der gleichfalls durch Bürstenverschiebung oder Veränderung der Spannung angelassen und geregelt werden kann. Die Spannungsregelung kann entweder durch besondere Regeltransformatoren oder durch Umschaltung der Statorwicklung erfolgen. Diese Regelmethode hat den Nachteil, daß zwischen den Stufenschalter und den Stator eine große Anzahl Verbindungsleitungen verlegt werden müssen, wodurch die Verwendung des Motors infolge des hohen Preises für die Verbindungsleitungen und für den Stufenschalter erschwert wird. Ebenso ungünstig ist auch der große Raumbedarf für die Steuerwalze. Bei der Ausführung mit Bürstenverstel-

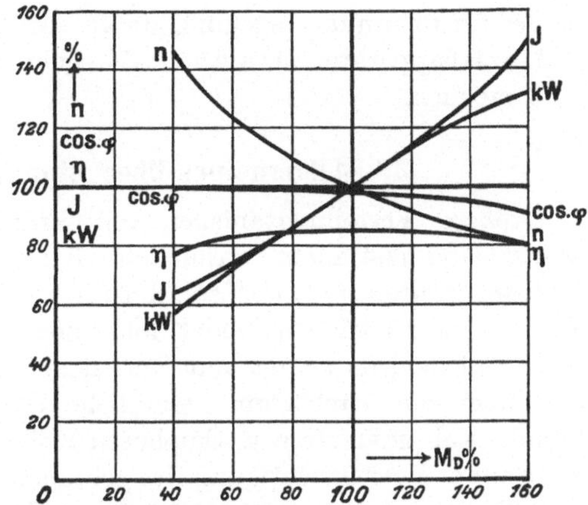

Fig. 45. Kennlinien des Drehstrom-Reihenschlußmotors bei verschiedenem Drehmoment.

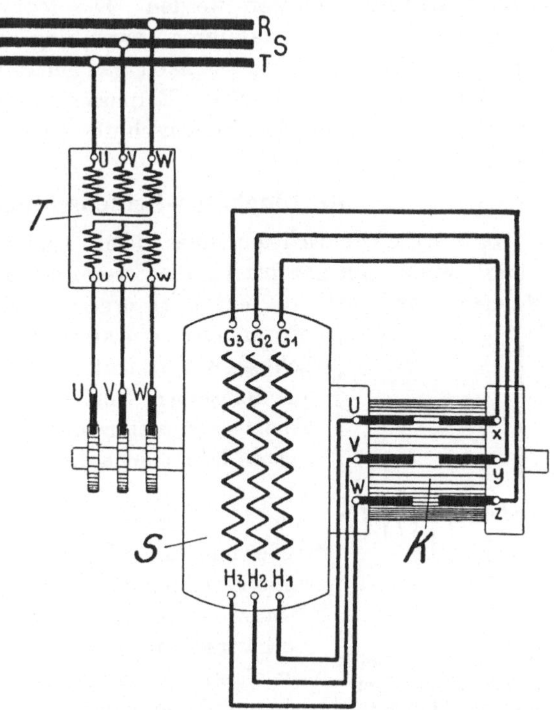

Fig. 46. Schaltbild eines Drehstrom-Nebenschlußmotors mit Regelung durch Bürstenverschiebung.

lung muß der Nebenschlußmotor außer dem Stromwender noch Schleifringe erhalten (Fig. 46). Der Aufbau des Motors ist dadurch ungünstiger

als der für Spannungsregelung, dafür entfallen aber besondere Steuer-
und Anlaßapparate. Die Drehzahlregelung ist etwa in den Grenzen
1 : 3 möglich.

39. Allgemeines über Einphasenmotoren.

Größere Verteilungsanlagen mit Einphasenwechselstrom sind in
Deutschland fast nicht vorhanden. Kleine Anlagen, die hier und da
noch anzutreffen sind, werden allmählich meist in Drehstrom umgebaut.
Nur in Bahnbetrieben findet man den Einphasenwechselstrom von
$16^2/_3$ Perioden, da er hier mit Rücksicht auf einfachere Leitungsanlage
gegenüber dem Drehstrom wesentliche Vorzüge aufweist. Die für den
Bahnbetrieb geschaffenen Einphasen-Kollektormotoren sind auch teilweise unter Berücksichtigung der gebräuchlichen Frequenz von 50 zum
Antrieb von Arbeitsmaschinen verwandt worden, allerdings in der
Weise, daß die Einphasen-Kollektormotoren an 2 Leitungen des Drehstromnetzes angeschlossen werden. Die Motoren besitzen unstreitig
eine Menge Vorzüge, so daß ihrer Anwendung zum Antrieb von Arbeitsmaschinen erhöhte Aufmerksamkeit geschenkt werden sollte. Von den
auf dem Markt erhältlichen Einphasen-Kollektormotoren kommen
im wesentlichen nur der Reihenschluß- und der Repulsionsmotor in
Betracht.

40. Einphasen-Reihenschlußmotor.

Da sich die Drehrichtung eines Gleichstrom-Hauptschlußmotors nicht
ändert, wenn man gleichzeitig die Stromrichtung im Anker und in den
Magneten umkehrt, so müßte theoretisch jeder Gleichstrom-Hauptstrommotor, der an eine Wechselstromquelle angeschlossen wird, trotz der dauernden Stromänderung
in demselben Sinne durchlaufen. Der normale
Gleichstrommotor mit seinem massiven Magnetgestell läßt jedoch den Anschluß an Wechselstrom
nicht zu. Daher erhält der Einphasen-Reihenschlußmotor ein Magnetgestell aus lamelliertem Eisen,
außerdem aber noch eine besondere Kompensationswicklung (vgl. Fig. 47). Die Spannung des
Motors ist mit Rücksicht auf die Kommutierungs-
verhältnisse nicht frei wählbar, sondern konstruk-
tiv ziemlich festliegend. Bei höheren Spannungen
wird es daher meistens erforderlich sein, zwischen
Netz und Motor einen Zwischentransformator ein-

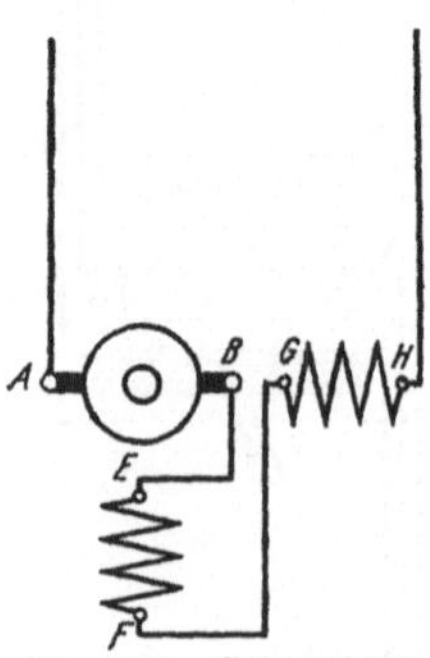

Fig. 47. Schaltbild
eines einphasigen
Reihenschlußmotors.

zuschalten. Der Einphasen-Reihenschlußmotor verhält sich analog
wie der Gleichstrom-Reihenschlußmotor; seine Drehzahl ist also stark
von der Belastung abhängig. Die Änderung der Drehzahl erfolgt durch

Veränderung der Klemmenspannung des Motors, wozu am besten der Vorschalttransformator verwendet wird. Dieser erhält eine Anzahl Anzapfungen; die Schaltung erfolgt dann durch einen Stufenschalter. Durch die Verwendung des Anzapftransformators und des Stufen-

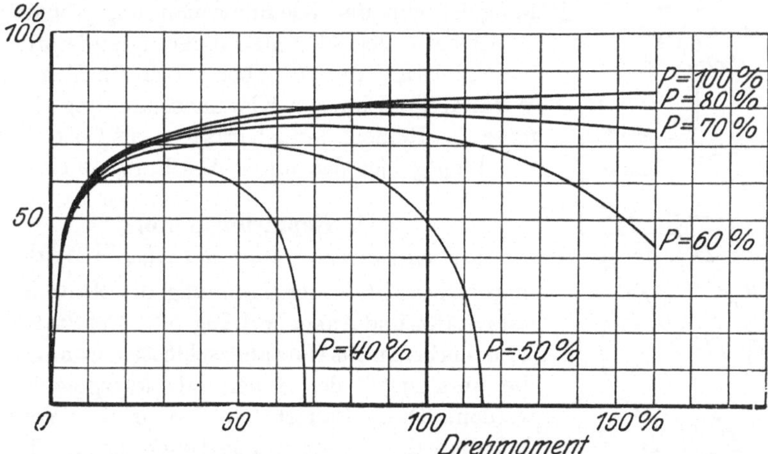

Fig. 48. Wirkungsgrad eines Einphasen-Reihenschlußmotors bei veränderlichem Drehmoment und verschiedenen Klemmenspannungen.

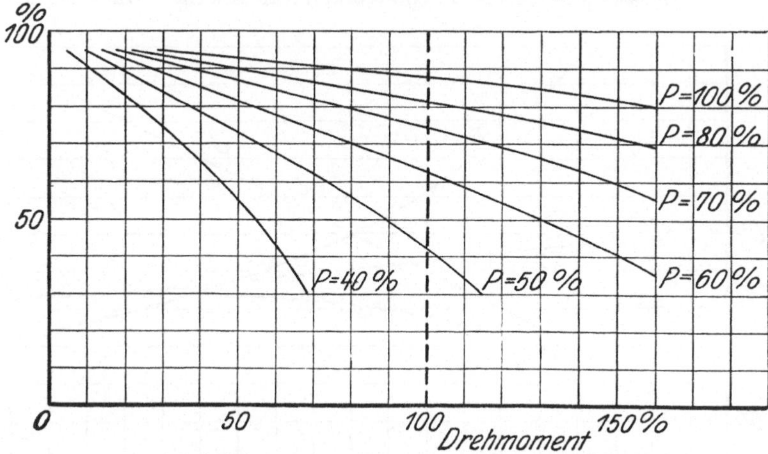

Fig. 49. Leistungsfaktoren eines Einphasen-Reihenschlußmotors bei veränderlichem Drehmoment für verschiedene Klemmenspannungen.

schalters wird der Preis des Motors erheblich verteuert. Fig. 48 zeigt den Wirkungsgrad eines Einphasen-Reihenschlußmotors bei veränderlichem Drehmoment für verschiedene Klemmenspannungen. Der Wirkungsgrad ist je nach der Drehzahl, also je nach der Klemmenspannung, verschieden. Bis zu etwa 70% der Klemmenspannung ist der Wirkungsgrad günstig: er nimmt ab, jé weiter die Klemmenspannung ermäßigt wird. Fig. 49 zeigt die Leistungsfaktoren eines Einphasen-Reihenschlußmotors bei veränderlichem Drehmoment für verschiedene Klemmenspannungen. Auch die Phasenverschiebung ist von der Klemmenspannung abhängig; sie ist bei voller Klemmenspannung außerordentlich günstig, nimmt aber auch ähnlich dem Wirkungsgrad mit der Klemmenspannung ab. Infolge des Reihenschlußcharakters gilt für das Anwendungsgebiet das unter Abschnitt 19 Gesagte.

41. Repulsionsmotor.

Das wesentliche Merkmal des Repulsionsmotors besteht in der Trennung des Stromlaufes vom Stator und Anker (vgl. Fig. 50). Der Stator (S) wird hierbei an das Netz angeschlossen, wohingegen die Bürsten (B) des Ankers (A) kurzgeschlossen werden. Diese Bauart hat den großen Vorzug, daß man den Motor infolgedessen praktisch für jede Spannung ausführen kann. Der Motor hat eine Hauptstromcharakteristik, die Drehzahl

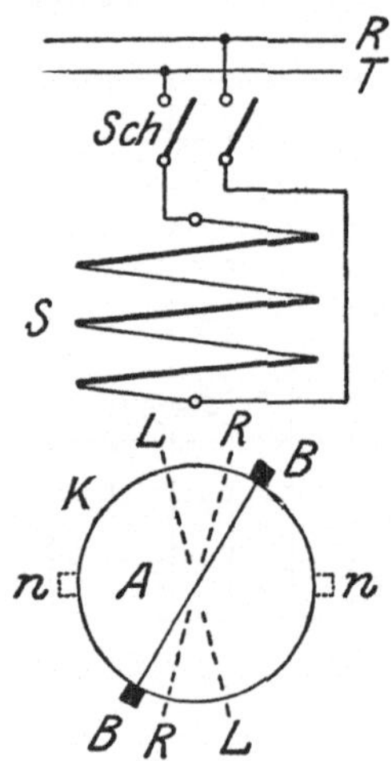

Fig. 50. Schaltbild des Repulsionsmotors.

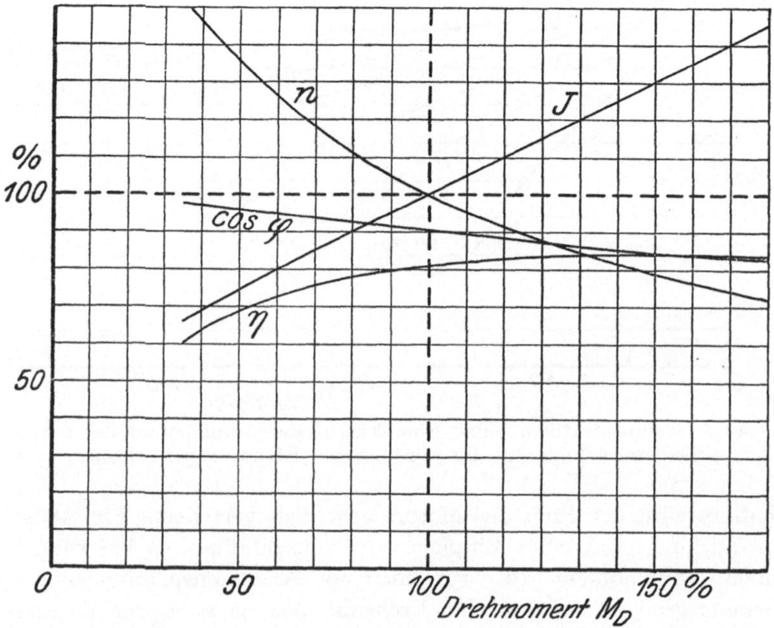

Fig. 51. Kennlinie eines Repulsionsmotors bei veränderlichem Drehmoment.

nimmt also mit dem abnehmenden Drehmoment zu, so daß der leerlaufende Motor durchgeht. Es ist daher sehr zu empfehlen, bei diesem Motor einen besonderen Zentrifugalschalter vorzusehen, der den Motor bei Erreichung einer bestimmten Drehzahl abschaltet. Fig. 51 zeigt die Kennlinie eines Motors bei verschiedenem Drehmoment und bei der Vollast-Bürstenstellung. Das Anlassen und Drehzahlregeln erfolgt durch das Verschieben der Bürsten. Befinden sich die Bürsten in der neutralen Zone $n—n$, so steht der Motor still und entwickelt kein Drehmoment. Werden die Bürsten verschoben (bei zweipoligen Motoren etwa 75—80°) — bei mehrpoligen Motoren ist der Winkel entsprechend der Polzahl kleiner —, so nimmt das Drehmoment des Motors zu und je nach der Last auch seine Drehzahl. Bei Antrieben, bei denen es darauf ankommt, nach Erreichung der höchsten Drehzahl den Motor unabhängig von der Belastung mit konstanter Drehzahl laufen zu lassen, kann mittels eines besonderen Zentrifugalschalters ein Kurzschließen der Ankerwicklung erfolgen. Solche Motoren laufen dann nach erfolgtem Kurzschluß als Asynchronmotoren, deren Drehzahl analog dem normalen Drehstrom-Asynchronmotor nur unwesentlich von der Belastung abhängig ist.

G. Aufbau der Motoren.

42. Aufbau der Gleichstrommotoren.

Das Magnetgehäuse (vgl. Fig. 52) wird bei kleineren Gleichstrommotoren aus Gußeisen, bei größeren aus Stahlguß, da dabei wegen der besseren magnetischen Leitfähigkeit die Abmessungen geringer ausfallen, hergestellt. Die Polschuhe und Polkerne bestehen bei allen guten Ausführungen aus gestanzten Blechen, die durch Nieten zusammengehalten und durch radial. im Magnetgehäuse sitzende Schrauben befestigt werden. Die Lamellierung der Polschuhe ist erforderlich, um Wirbelströme zu vermeiden.

Durch die sog. Ankerrückwirkung — es ist dies die Rückwirkung des stromdurchflossenen Ankerdrahtes auf das Magnetfeld — wird das Feld unter den Polschuhen (vgl. Fig. 6b) sehr verzerrt. Diese Verzerrung wird um so größer, je größer der Ankerstrom wird, also besonders bei Überlastung des Motors auftreten. Außerdem wird sich die Feldverzerrung je nach Richtung des Stromes, also je nach der hiervon abhängigen Drehrichtung des Motors, verschieben. Infolge dieser Erscheinung arbeiten Motoren ohne besondere Hilfswicklungen bei starker Überlastung, Drehzahlregelung und Umkehrung der Drehrichtung nicht funkenfrei. Da dies nicht zulässig ist, müssen Motoren, an welche solche Anforderung gestellt wird, mit sog. Wendepolen versehen werden. Diese Wendepole befinden sich zwischen je zwei Polen

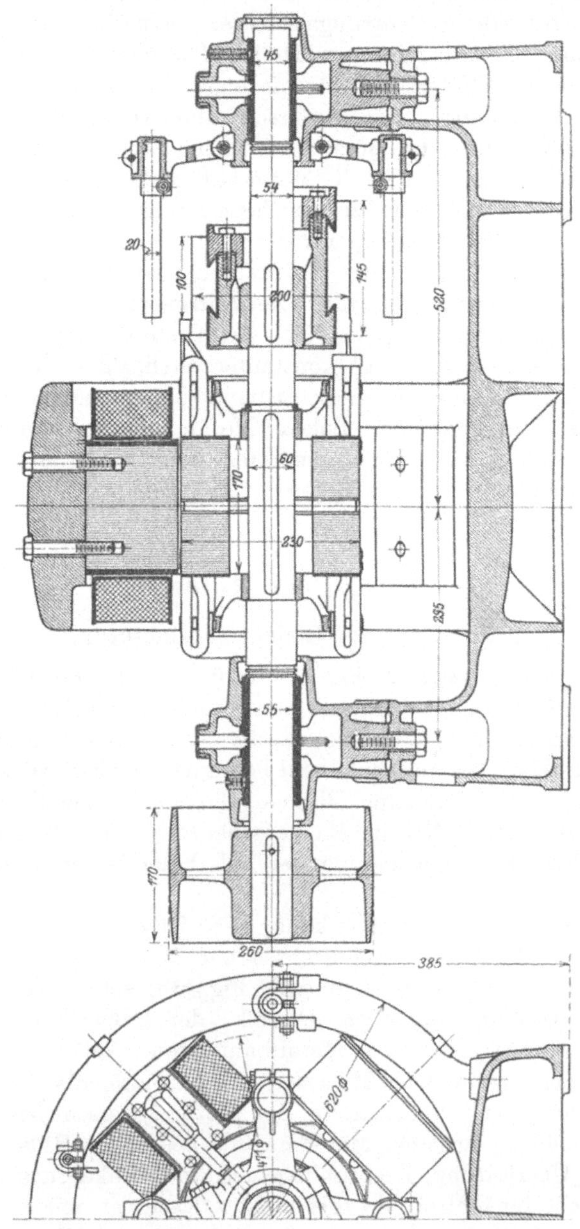

Fig. 52. Schnitt durch einen Gleichstrommotor.

(vgl. Fig. 53) und sind mit wenigen Windungen starken Drahtes versehen, die mit dem Anker in Reihe geschaltet werden. Bei größeren Motoren mit sehr ungünstiger Beanspruchung wird außerdem noch eine Kompensationswicklung angeordnet, welche in den Polschuhen untergebracht wird. Auch diese Wicklung ist mit den Wendepolen und mit dem Anker in Reihe geschaltet (vgl. Fig. 53).

Der Ankerkörper besteht aus lamelliertem Eisen, also aus einzelnen Blechen, in welche die Nuten zur Aufnahme der Wicklung gestanzt werden. Diese einzelnen Bleche werden zu einem festen Körper, dem Ankerkörper, zusammengepreßt und durch zwei seitliche Stirnplatten festgehalten. Motoren mit kleinerem Ankerdurchmesser werden so ausgeführt, daß der Ankerkörper unmittelbar auf die Welle gesetzt und durch Federkeile gegen Verdrehung geschützt wird. Rechts und

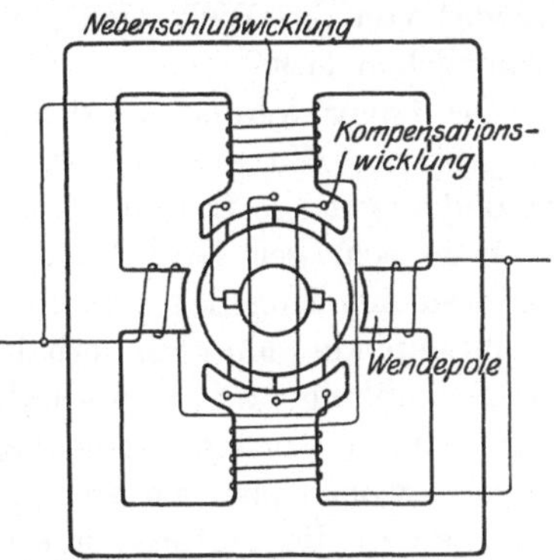

Fig. 53. Schematische Darstellung eines Gleichstrommotors mit Wendepolen und Kompensationswicklung.

links vom Ankerkörper sitzen die mit den Stirnplatten verbundenen Wicklungsträger, auf welche die überragenden Enden der Ankerwicklung aufgelegt und durch besondere Drahtbandagen befestigt werden. Diese Wicklungsträger sind an der einen Seite meist gleich zur Aufnahme eines zur Bewegung der Kühlluft vorgesehenen Lüfters durchgebildet.

Bei Motoren mit großem Ankerdurchmesser wird der Ankerkörper nicht unmittelbar auf die Welle, sondern auf eine besondere Nabe aufgesetzt (Fig. 54). Der Stromwender besteht aus einer großen Zahl von Kupferlamellen, welche so-

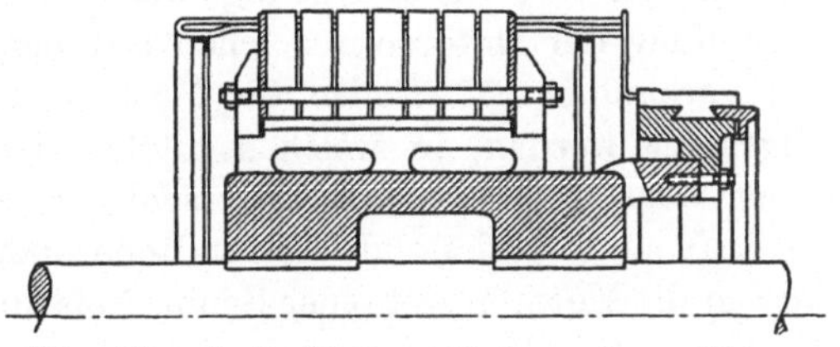

Fig. 54. Ankerkörper mit besonderer Nabe.

wohl gegen den Tragkörper als auch gegeneinander isoliert sein müssen. Die beste Isolation ist Glimmer. Ersatzmittel sind nach Möglichkeit besonders für schwerere Betriebe abzulehnen. Da der Stromwender der empfindlichste Teil der Maschine ist, so ist auf dessen solide Herstellung und sachgemäße Wartung allergrößter Wert zu legen. Die Enden der Wicklung sind in die einzelnen Lamellen des Stromwenders eingelötet. Bei kleineren Maschinen sitzt der Stromwender, getrennt von dem eigentlichen Ankerkörper unmittelbar auf der Welle. Es ist daher erforderlich, falls der Stromwender samt dem

Anker von der Welle abgezogen werden soll, die Enden der Wicklung herauszulöten. Bei großen Motoren mit besonderer Ankernabe wird der Stromwender nicht unmittelbar auf die Welle aufgesetzt, sondern auf einen besonderen Träger, der mit der Nabe des Ankerkörpers verbunden ist, so daß ein Abziehen des Ankerkörpers samt dem Stromwender von der Welle sich ohne besonderes Auslöten der Wicklungen ermöglichen läßt.

Die Lager werden bei den gängigen Motoren als Ringschmierlager ausgeführt. Wo auf besonders kurze Bauart des Motors, oder auf besonders geringe Leerlaufsverluste Wert gelegt wird und wo der Motor auch in schräger Lage laufen muß, sind Kugellager zu verwenden. Motoren mit Kugellager sind meist teurer als mit Gleitlager. Größere rasch-laufende Motoren erhalten öfter Gleitlager mit eingebauter Wasserkühlung. Ist es erforderlich, daß die Motorwelle seitliche Schübe annimmt, so wird das eine Lager als Drucklager ausgeführt werden, wobei sowohl Spur- als auch Kugellager gebräuchlich sind. Gewöhnlich werden die Motoren mit einseitigem Wellenstumpf geliefert. Es ist aber auch möglich, die Motoren für beiderseitigen Wellenstumpf auszuführen. Je nachdem, welche Leistung durch den zweiten Wellenstumpf übertragen werden soll, ist unter Umständen eine Verstärkung dieses Lagers erforderlich.

Die Wicklung der Elektromotoren wird ausschließlich aus Kupfer gemacht, nachdem die während des Krieges aufgekommenen Ersatzmaterialien (Zink und Aluminium) sich nicht bewährt haben. Über die Ausführung der Isolation der Drähte sind vom Zentralverband besondere Vorschriften erlassen und genügt die normale Isolation vollständig bei Aufstellung der Motoren in solchen Räumen, wo normale Luftfeuchtigkeit vorhanden ist. Sollen die Maschinen jedoch in Betriebsräumen aufgestellt werden, in welchen infolge der erhöhten Luftfeuchtigkeit immer oder zeitweise mit Niederschlägen zu rechnen ist, oder enthält die Luft staubige leitende Bestandteile oder chemisch ätzende Gase, so müssen die Motoren mit einer Sonderisolation ausgeführt werden. Diese Sonderisolation besteht in einer besonderen Imprägnierung und bedingt einen Mehrpreis des Motors von etwa 5—15 Prozent.

43. Aufbau der Wechselstrommotoren.

Der Magnetkörper des Stators aller Wechselstrommotoren besteht aus lamelliertem Eisen in Form eines Hohlzylinders, in welchen die Nuten zur Aufnahme der Wicklung eingestanzt sind. Bei Motoren mit kleinerem Durchmesser bestehen die einzelnen Ankerbleche aus einem Stück. Die einzelnen Bleche werden zusammengepreßt und bilden einen festen Körper, der in das Gehäuse, das nur als Tragkörper dient, eingesetzt und in geeigneter Weise befestigt wird (vgl. Fig. 55). Bei größeren Motoren besteht ein Statorring aus mehreren Teilen. Beim asynchronen Drehstrommotor besteht der Ankerkörper aus lamelliertem Eisen, ähnlich im Aufbau wie der des Gleichstrommotors. Die Wicklung eines Kurzschlußankers besteht aus blanken Kupferstäben, die ohne Isolation eingesetzt und zu beiden Seiten des Ankerkörpers kurzgeschlossen werden; ein solcher Anker ist sehr betriebssicher. Beim Schleifringanker sind drei Schleifringe vorgesehen, die mit den Enden der Rotorwicklung verbunden sind und auf welchen die Bürsten schleifen. Die Schleifringe sind am zweckmäßigsten innerhalb der Lager anzuordnen; außerhalb sind sie nur dann zweckmäßig, wenn sie eine staub- oder gasdichte Kapselung er-

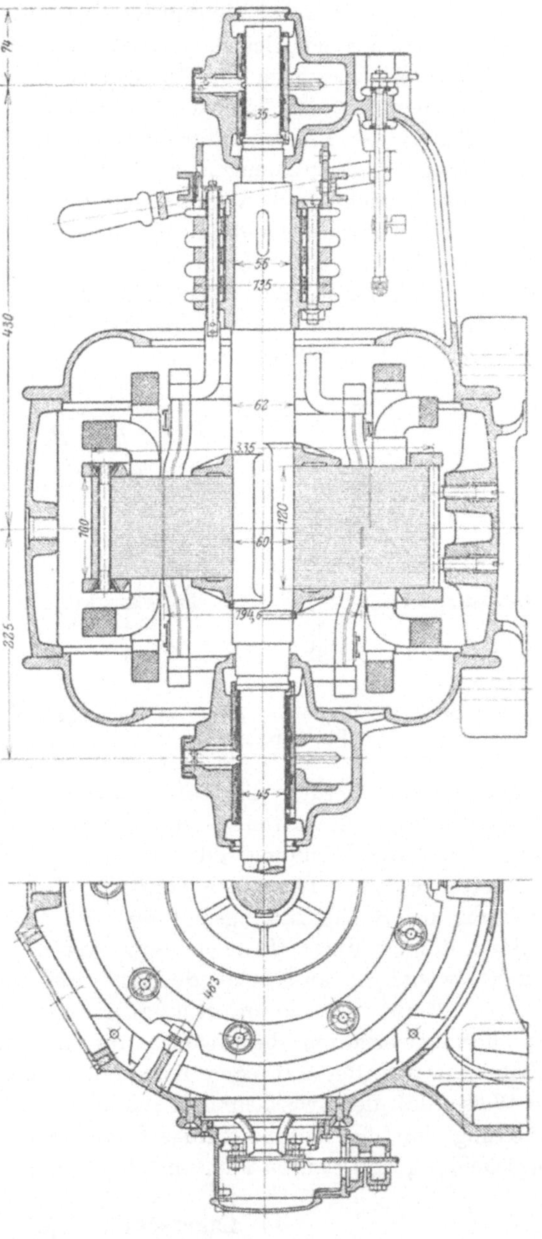

halten sollen, wie beispielsweise bei schlagwettersicheren Motoren (vgl. Fig. 70). Bei solchen Ausführungen werden die Enden der Wicklungen durch eine achsiale Wellenbohrung zu den Schleifringen geführt.

Die Anker der Wechselstrom-Kommutatormotoren sind ähnlich aufgebaut wie die der Gleichstrommotoren, jedoch ergeben sich meist viel größere Abmessungen für die Stromwender.

Bei großen langsam laufenden Motoren ist es schwierig, da der untere Teil in der Fundamentgrube sitzt, im Falle eines Defektes an die Wicklung heranzukommen, es sei denn, daß die Fundamentgrube recht breit gemacht wird, was aber mit Rücksicht auf einen möglichst geringen Lagerabstand nicht erwünscht ist. Es ist daher zweckmäßig, eine Anordnung so zu treffen, daß der Stator im Falle eines Defektes gedreht werden kann. Eine solche Möglichkeit bietet die entsprechende Ausbildung der Füße des Stators (vgl. Fig. 56). Diese werden mit der unteren Statorhälfte nicht aus einem Stück gegossen, sondern besonders angeschraubt. Soll der Stator gedreht werden, so werden zwischen Stator und Rotor längs des Umfanges entsprechend starke Keile eingeschoben, so daß Rotor und Stator dadurch fest miteinander verbunden

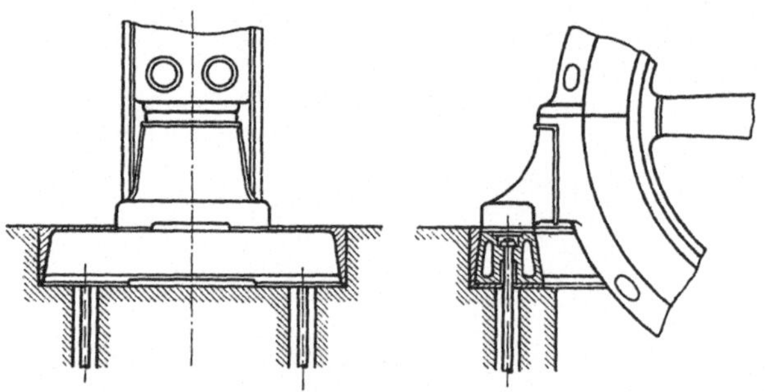

Fig. 56. Abschraubbare Füße bei einem großen Drehstrommotor.

werden. Dann werden die Füße abgeschraubt und seitwärts weggezogen, worauf der Stator zusammen mit dem Rotor gedreht werden kann. Über die Wicklung gilt sinngemäß das im vorhergehenden Abschnitt gesagte. Besondere Sorgfalt erfordert die Ausbildung der Wicklung bei Hochspannungsmotoren. Es hat sich gezeigt, daß am Umfang dünner unter Hochspannung stehender Drähte Ozonbildung auftritt, wobei die ausscheidende Säure die Wicklungen angreift und zerstört Einen sehr guten Schutz gewährt das sogenannte Kompoundierungsverfahren, bei welchem die Wicklung in besonders dafür gebauten Apparaten mit einer Kompoundmasse imprägniert wird in der Weise, daß der Zwischenraum zwischen den dünnen Drähten einer Wicklung von der Kompoundmasse ausgefüllt wird und daher eine Ausscheidung von Säuren nicht möglich ist.

44. Lagerschild-Type.

Die gebräuchlichste Ausführung der Motoren, gleichgültig welcher Stromart, ist die sog. Lagerschildtype. Der Name stammt daher, daß zu beiden Seiten des Polgestells bzw. des Statortragkörpers je ein schildförmiges Gehäuse angeschraubt wird, in welchem die Lager der Motorwelle sitzen. Diese Lagerschilder können je nach Ausführung des Motors ganz geschlossen sein oder besondere Öffnungen für den Zutritt der Kühlluft haben. Bei ganz offenen Motoren ist oft das ganze Lagerschild auf zwei schmale Stege zusammengeschrumpft (Fig. 57). Ist es erforderlich, noch ein drittes Außenlager bei einer Lagerschildtype anzuordnen, dann muß der Motor mit einer verlängerten Welle

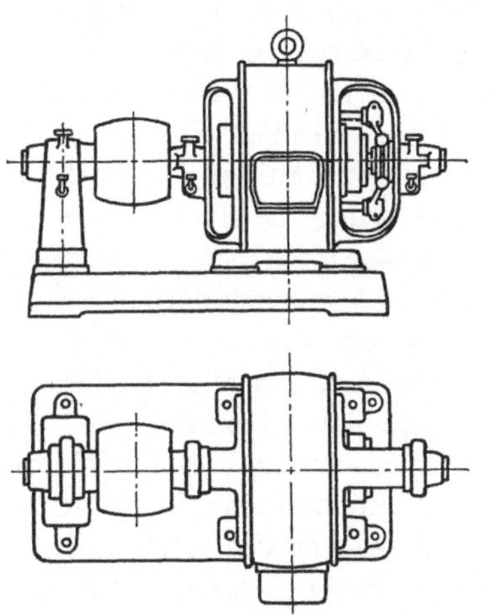

Fig. 57. Lagerschild-Type.

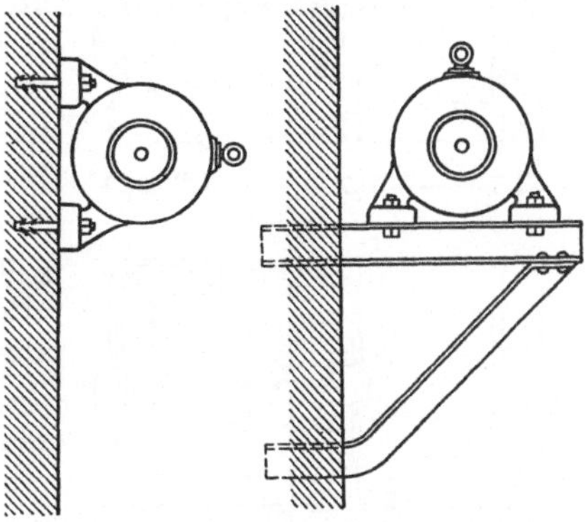

Fig. 58. Befestigung eines Motors an einer Wand (links Motor mit um 90° gedrehtem Gehäuse unmittelbar an der Wand befestigt, rechts Motor in normaler Stellung auf besonderer Konsole.

geliefert werden, wobei der Motor und das dritte Lager auf eine gemeinsame Grundplatte gesetzt werden.

An der Stromwender- oder Schleifringseite trägt das Lagerschild außerdem noch die Bürstenträger bzw. die Kurzschluß- und Bürstenabhebevorrichtung.

Bei fast allen Motorausführungen können die Lagerschilder gegenüber dem Gehäuse um jeweils 90° gedreht werden. Dadurch wird es möglich, kleinere Motoren nicht nur auf wagerechten Flächen aufzustellen, sondern an senkrechte Wände zu befestigen, oder durch Verdrehen der Lagerschilder um 180° selbst an der Decke aufzuhängen. Größere Motoren eignen sich allerdings wegen ihres hohen Gewichtes nicht für diese Anordnung, es müssen vielmehr dann besondere Konsolen vorgesehen werden (vgl. Fig. 58).

45. Stehlager-Type.

Für Motoren mit größeren Abmessungen wird an Stelle der Lagerschildtype die sog. Stehlagerausführung bevorzugt, da mit Rücksicht auf die verhältnismäßig schmalen Füße des Motors bei Lagerschildausführung die Lager, und vor allem die Riemenscheibe, zu weit ausladen würden. Bei der Stehlagerausführung werden besondere Stehlager verwendet, die mit dem Motorgehäuse auf einer gemeinsamen Grundplatte befestigt werden (vgl. Fig. 59). Gleichstrommotoren werden dann meistens mit zweiteiligem Gehäuse ausgeführt. Bei Wechselstrommotoren wird das Gehäuse mit Rücksicht auf den Magnetkörper, der aus lamelliertem Eisen besteht, nur in Ausnahmefällen zweiteilig ausgeführt, z. B. bei Wasserhaltungsmotoren wegen des Schachtquerschnittes oder der beschränkten Tragkraft der Fördereinrichtung, oder bei besonders großen langsam laufenden Motoren. Ist ein drittes Lager erforderlich, dann wird dieses am zweckmäßigsten auf die entsprechend verlängerte Grundplatte aufgesetzt. Kommt ein unmittelbarer Zusammenbau des Motors mit der Arbeitsmaschine in Frage, so kann die Stehlagertype auch noch in verschiedenen Abarten ausgeführt werden, wodurch sich ein viel zweckmäßigerer Zusammenbau erzielen läßt.

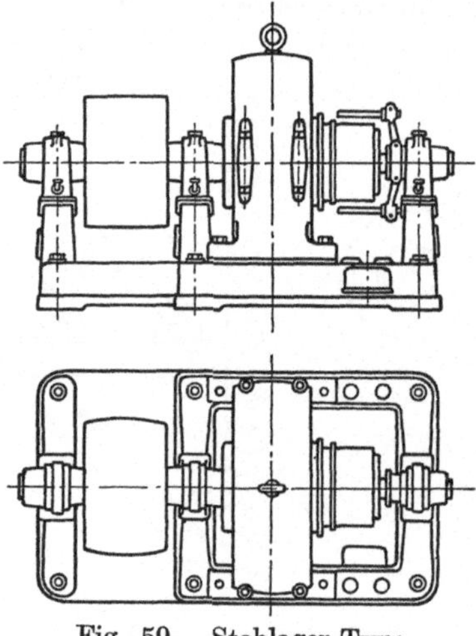

Fig. 59. Stehlager-Type.

So kann der Motor ohne Welle und Lager geliefert werden, z. B. zum Aufsetzen auf die Hauptwelle der Arbeitsmaschine. Ferner ist

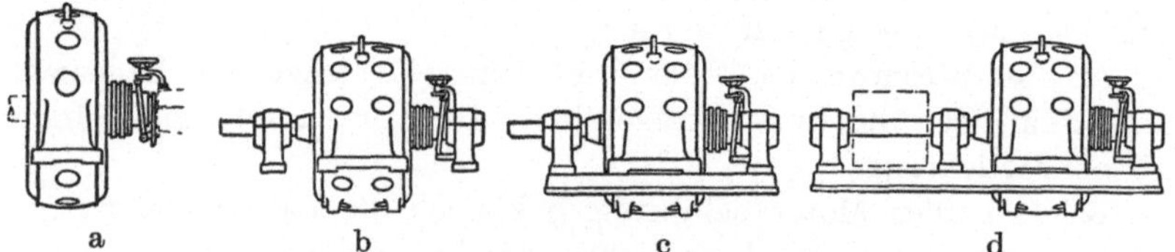

Fig. 60. Ausführungsmöglichkeiten eines Drehstrommotors.

eine Lieferung mit einer Flanschwelle und einem Außenlager, oder mit Welle und Lager, aber ohne Grundplatte usw., möglich. Fig. 60 zeigt einige Ausführungsmöglichkeiten und zwar:

 a) ohne Welle und ohne Lager,
 b) mit Welle und Lager,
 c) mit Welle, Lager und Grundplatte,
 d) mit dritten Außenlager für Riemenantrieb.

46. Ventiliert gekapselte Motoren.

Ist es erforderlich, den Motor gegen Spritzwasser, Verschmutzen, mechanische Beschädigung der Wicklungen oder Berührung des Kommutators zu schützen, dann müssen geschützte oder gekapselte Motoren verwendet werden. Handelt es sich um kleinere Motoren in Lagerschildausführung, so werden die Lagerschilde bis auf besonders angeordnete Öffnungen, die für den Luftzutritt und Austritt dienen, geschlossen ausgeführt. Diese Öffnungen können je nach Fabrikat jalousieartig oder rohrförmig ausgebildet sein (vgl. Fig. 61). Bei Motoren, die mit Stromwender oder Schleifringen ausgeführt sind, müssen in den Lagerschildern verschließbare Öffnungen angeordnet sein, um in einfacher Weise die Zugänglichkeit zu den Schleifringen bzw. den Stromwendern zu ermöglichen. Handelt es sich um große Stehlagertypen, so müssen solche Motoren mit besonderem Abdeckgehäuse an beiden Seiten versehen werden. Da bei den ventiliert gekapselten Motoren Kühlluft nicht selbsttätig durchströmen würde, so müssen diese mit einem besonderen mit

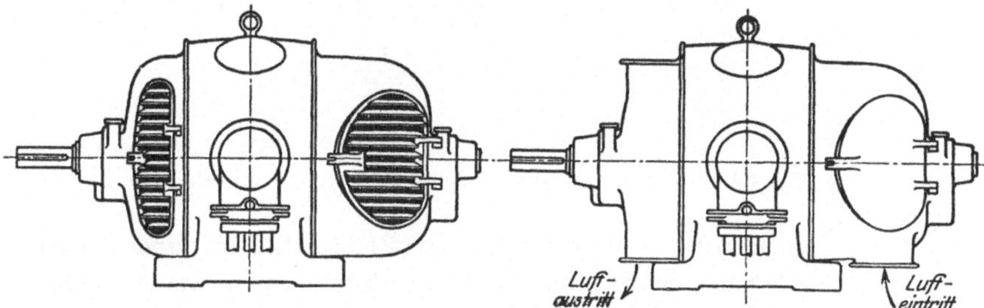

Fig. 61. Ventiliert geschützter und ventiliert geschlossener Motor mit beiderseitigem Rohranschluß.

dem Anker umlaufenden Lüfter versehen werden. Infolge der dadurch erreichten Kühlung leistet für gewöhnlich eine bestimmte Motortype dasselbe, sowohl in offener als auch ventiliert gekapselter Ausführung. Nur infolge der mechanischen Ausführung bedingen letztere Motoren einen gewissen Mehrpreis, der je nach der Type und dem Fabrikat etwa 5—10 % beträgt. Die Öffnungen für den Luftzutritt-Austritt können auch an besondere Luftleitungen angeschlossen werden, in welchem Falle dann die Kühlluft nicht aus dem Betriebsraum, sondern unmittelbar aus dem Freien angesaugt und wieder ins Freie ausgeblasen wird. Diese Anordnung ist dort erforderlich, wo der Motor in sehr staubhaltigen Betrieben steht, oder die Luft im Raume infolge ihrer Beschaffenheit nicht unmittelbar zur Kühlung herangezogen werden kann. Fig. 62 zeigt eine solche Ausführung eines Sondermotors zum Antrieb von Spinnmaschinen. Die Frischluft- und Abluftkanäle münden im Sockel, auf welchen der Motor aufgestellt ist. Die Kühlluft bestreicht erst den im Motorfuß eingebauten Transformator (T), dann das Motorinnere und wird durch den Lüfter (L) in den Abluftkanal gedrückt.

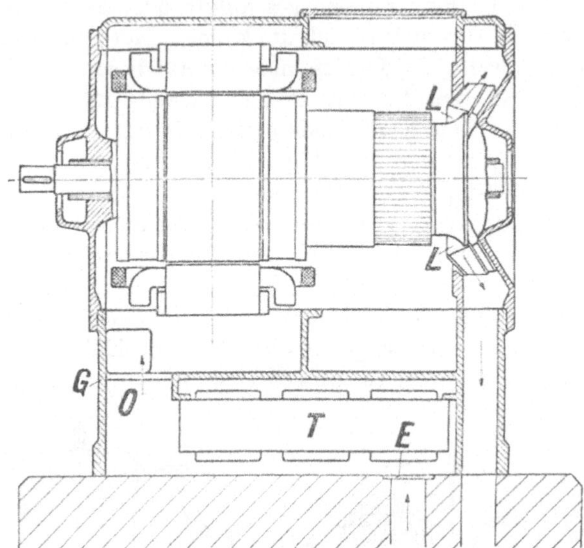

Fig. 62. Spinnmotor mit besonderer Kühlluft-Zufuhr.

Nicht immer wird es möglich sein, besondere Luftzu- und Abfuhrkanäle zu verlegen, ebenso kann unter Umständen auch die Außenluft,

wie z. B. bei Bergwerks-
anlagen, sehr staubhaltig
sein. In solchen Fällen
kann ein besonderes Luft-
filter in die Luftzufuhr
geschaltet werden (vgl.
Fig. 63). Allerdings wird
bei solcher Anordnung eine
Verminderung der Motor-
leistung infolge verminder-
ter Luftzufuhr, besonders
wenn eine Reinigung des
Filters nicht regelmäßig
und oft genug erfolgt, eintreten. Ferner hat diese
Anordnung noch den Nach-
teil, daß während des Still-
standes des Motors, besonders wenn längere Arbeitspausen vorkommen, durch
die offenstehende Ausblase-

Fig. 63. Ventiliert gekapselter Motor mit aufgebautem Filter.

öffnung doch Staub in den Motor eindringen kann, der sich dann in demselben ablagert. Die Luftzu- und Abfuhröffnungen können nicht nur unten an dem Lagerschild des Motors, sondern auch an der Seite oder oben angebracht werden. Bei größeren Motoren ist es auch gebräuchlich, die Luft an beiden Seiten anzusaugen und in der Mitte des Motors oben auszublasen. Es ist zweckmäßig, Motoren, die die Luftzu- und Abfuhrkanäle oben haben, an dieser Stelle mit besonderen Schutzhauben zu versehen, um ein Hereinfallen von Gegenständen zu verhindern und die Motoren evtl. auch gegen Tropfwasser zu schützen.

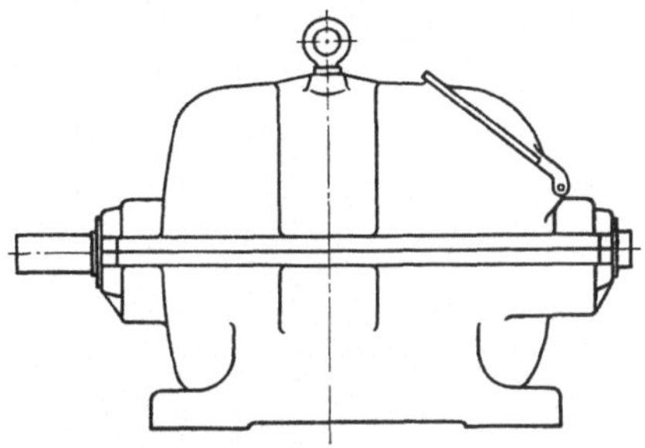

Fig. 64. Vollständig geschlossener Drehstrommotor.

47. Vollständig geschlossene Motoren.

Bei diesen ist das Innere des Motors vollständig von der Außenluft abgeschlossen, so daß ein Eindringen von Staub usw. nicht möglich ist. Infolge der dann sehr ungünstigen Abkühlungsverhältnisse fallen die Motoren in ihren Abmessungen sehr groß aus und werden daher gegenüber offen oder ventiliert gekapselten Motoren außerordentlich teuer. Man verwendet daher die ganz geschlossenen Motoren nur für kleinere Leistungen. Sehr gebräuchlich sind die geschlossenen Motoren zum Antrieb von Hüttenwerkskranen, Rollgängen usw., da in solchen Betrieben mit sehr staubiger Luft zu rechnen ist. Auch bei ganz geschlossenen Motoren ist es wichtig, durch Anbringung von genügend

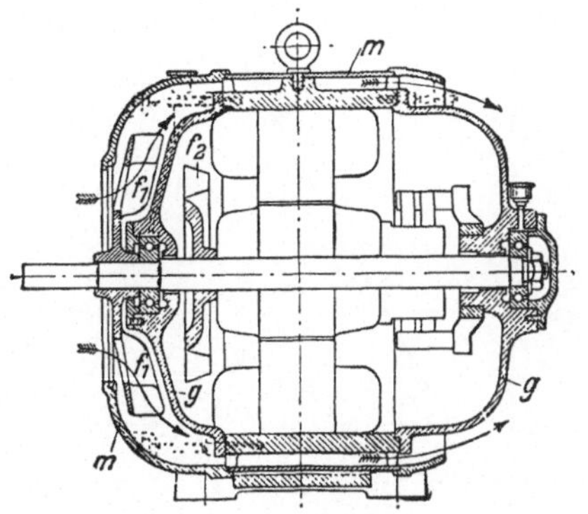

Fig. 65. Kühlmantel-Type.

großen und verschließbaren Öffnungen die Zugänglichkeit zum Innern des Motors zu ermöglichen (Fig. 64).

48. Kühlmanteltype.

Infolge der ungünstigen Abkühlungsverhältnisse der geschlossenen Motoren werden ihre Abmessungen sehr groß; die Motoren werden daher sehr teuer und lassen sich auch sehr schwer mit der Arbeitsmaschine zusammenbauen. Diese Nachteile versuchte man zu umgehen, indem durch besondere Ausführung bessere Abkühlungsverhältnisse geschaffen wurden. Diese Motoren werden als Kühlmanteltype bezeichnet. Fig. 65 zeigt den Schnitt durch einen solchen Motor. Die Abkühlungsverhältnisse des Gehäuses werden dadurch verbessert, daß um das Gehäuse selbst noch ein besonderer Mantel (m) gelegt und

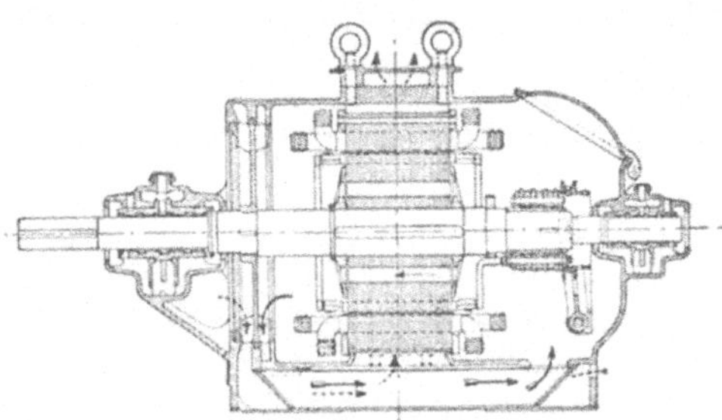

Fig. 66. Kühlmantel-Type mit Rückkühlung der Innenluft.

durch diesen Raum zwischen Mantel und Gehäuse mit Hilfe eines besonderen Lüfters f_1 ein Luftstrom geführt wird. Naturgemäß sind die Abkühlungsverhältnisse bei einer solchen Anordnung günstiger, als wenn der Motor lediglich von ruhender Luft umgeben ist. Die Abkühlungsverhältnisse versucht man noch dadurch zu verbessern, daß im Innern des Motors gleichfalls noch ein Lüfter f_2 angeordnet wird, der die im Innern befindliche Luft zur Bewegung bringt. Noch günstiger wird allerdings die Anordnung, bei

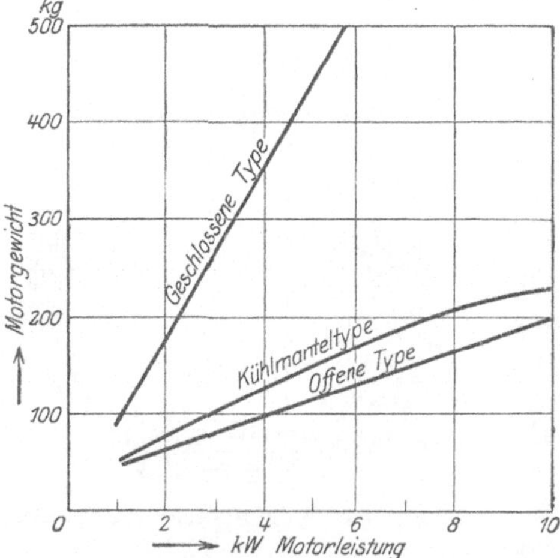

Fig. 67. Vergleich der Gewichte von geschlossenen, offenen und Kühlmantel-Motoren.

welcher für eine Rückkühlung der Innenluft gesorgt wird. Fig. 68 zeigt den Schnitt durch einen solchen Motor, bei welchem die Kühlluft im Innern des Motors mit Hilfe eines Lüfters durch besondere im Fuß des Motors untergebrachte Kühlrippen gepreßt wird, in welchen sie durch einen außen vorbeigehenden Luftstrom rückgekühlt wird und dann erst wieder in das Innere des Motors gelangt. Zur Bewegung der Luft, die zum Kühlen der Kühlrippen dient, ist noch ein zweiter Lüfter vorhanden.

Der Luftstrom, der durch diesen Lüfter bewegt wird, dient außer zur Kühlung der Kühlrippen noch zur Kühlung des Gehäuses, in welchem entsprechende Kanäle für den Luftstrom vorgesehen sind. Infolge der günstigen Abkühlungsverhältnisse fallen die Motoren in ihren Abmessungen wesentlich kleiner aus als vollständig geschlossene Motoren, sind auch billiger, obzwar ein Teil der Verbilligung durch die etwas kompliziertere Ausführung der mantelgekühlten Motoren aufgehoben wird. Welche Gewichtsersparnisse erzielt werden können, zeigt Fig. 67, in welcher die Gewichte von mantelgekühlten und vollständig geschlossenen Motoren einander gegenübergestellt sind. Ein gewisser Nachteil der mantelgekühlten Motoren nach Fig. 66 kann allerdings darin bestehen, daß bei sehr staubhaltiger Luft unter Umständen ein Festsetzen des Staubes in den Kanälen des Gehäuses bei ungünstiger Konstruktion der Motoren auftreten könnte. Es muß daher auf möglichst glatte Kanäle mit nicht zu scharfen Krümmungen geachtet werden.

49. Flanschmotoren.

Der Zusammenbau mit der Arbeitsmaschine bedingt oft eine Durchbildung des Motors als Flanschmotor. Ein solcher Motor erhält an einer Stirnseite einen Befestigungsflansch, der als Träger des Motors und als Verbindungsstück mit der Arbeitsmaschine dient (vgl. Abb. 68). Flanschmotoren werden sowohl in horizontaler als auch in vertikaler Anordnung verwendet. Bei Vertikalmotoren kann dabei der Flansch unten oder oben vorgesehen werden. Die Motoren erhalten meist Kugellager. Je nach dem Verwendungszweck

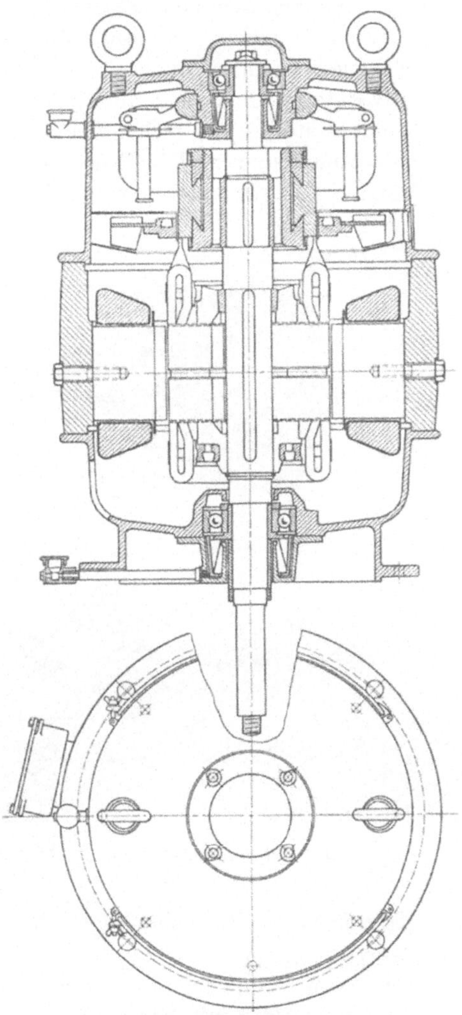

Fig. 68. Schnittzeichnung eines Flanschmotors.

können die Flanschmotoren offen, ventiliert gekapselt oder ganz geschlossen ausgeführt werden.

50. Sonderausführungen.

Die normalen Motoren in Lagerschild- und Stehlagerausführung können als der Grundstock aller Sonderausführungen angesehen werden

aus welchen sich durch immer weitere Differenzierung und Anpassung
an die jeweiligen Betriebsbedingungen und Eigenarten der anzutreiben-
den Arbeitsmaschinen schrittweise die einzelnen Sonderausführungen
entwickelt haben. Flanschmotoren und Kühlmantelmotoren sind im
eigentlichen Sinne auch schon Sonderausführungen. Immerhin ist ihr
Anwendungsgebiet sehr mannigfaltig, im Gegensatz zu den eigentlichen
Sondermotoren, die mehr oder weniger nur für ein begrenztes Arbeits-
gebiet bestimmt sind, und die nur vereinzelt auch bei anders gearteten
Betrieben angewendet werden. Hierher gehören z. B. die geschlossenen

Fig. 69. Geschlossener Drehstrommotor auseinandergenommen.

Kranmotoren für schwierige Betriebe[1]), die aber auch sinngemäß
Anwendung bei Schiebebühnen, Rollgängen usw. gefunden haben.
Im wesentlichen besteht ihre Sonderausführung darin, daß sie vollständig
geschlossen und mit Rücksicht auf die rauhe Handhabung sehr kräftig
durchgebildet sind, möglichst wenig Teile besitzen, die sich durch
Erschütterungen lösen können und vor allem so gebaut werden, daß
alle Teile trotz der geschlossenen Bauart leicht zugänglich und aus-
wechselbar sind. Fig. 69 zeigt z. B. einen geschlossenen Drehstrommotor, dessen Gehäuse zweiteilig ist, und bei dem nach Abheben des

---

[1]) Vgl. Aufsatz „Drehstrommotoren für schwierige Betriebe" von Prof. W.
Philippi, Zeitschr. „Kraftbetriebe und Bahnen" 1916, Heft 23.

oberen Gehäuseteiles die Welle samt dem Stator-blechpaket leicht herausgehoben werden kann.

Eine andere Sonder-ausführung bilden die Motoren für schlagwetterhaltige Bergwerksanlagen. Solche Motoren erhalten z. B. einen besonderen mechanischen Schutz der Wicklung, eine um 50% erhöhte Isolationsfestigkeit und eine Herabsetzung der zulässigen Erwärmung um 25%. Außerdem müssen alle Teile, in welchen betriebsmäßig Funken auftreten können, also z. B. die Schleifringe, vollständig gekapselt sein. Fig. 70 zeigt eine solche Ausführung. Der Motor besitzt hierbei Lagerschilder, welche so ausgebildet sind, daß dadurch ein guter Schutz gegen mechanische Beschädigung der Wicklung erreicht wird. Die Schleifringe sitzen außen und sind vollständig gekapselt. Naturgemäß fallen diese Motoren in ihren Abmessungen infolge der Herabsetzung der zulässigen Erwärmung und der erhöhten Isolation bei sonst gleicher Leistung größer aus als die normalen. Ebenso sind zum Antrieb der Textilmaschinen verschiedene Sonderausführungen geschaffen worden. So zeigt Fig. 71 einen Sondermotor für den Antrieb von Flyer. Der Motor ist ventiliert gekapselt und zum Anschluß an Luft-

Fig. 70. Motor mit Schlagwetter-Schutz.

Fig. 71. Sondermotor zum Antrieb von Flyer.

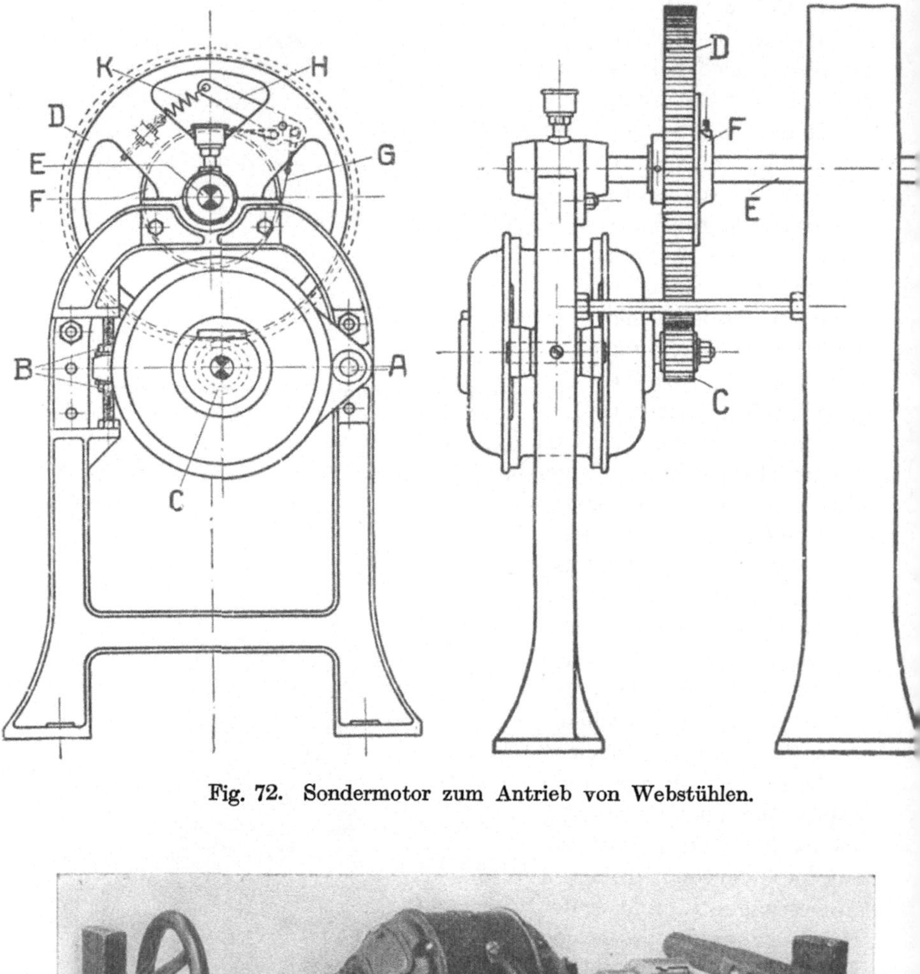

Fig. 72. Sondermotor zum Antrieb von Webstühlen.

Fig. 73 a. Alte Ausführung von Handbohrmaschinen.

kanäle gebaut. Der Schalter ist unmittelbar auf den Motor aufgesetzt, wodurch sich eine gute Leitungsführung und ein guter Anschluß des längs der Maschine angebauten Betätigungsgestänges ergibt. Fig. 72 zeigt einen Sonderantrieb eines Webstuhles zusammengebaut mit einem Zahnradvorgelege ($C\,D$) und einer Rutschkupplung (F) auf gemeinsamen Bock (A) in einer Ausführung, wie sie zu Tausenden verwendet wird.

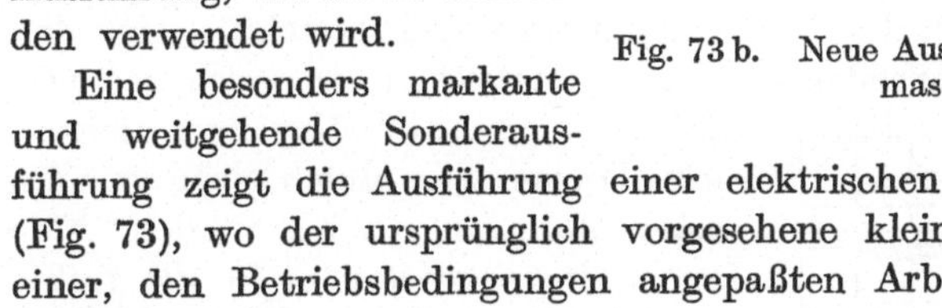

Fig. 73b. Neue Ausführung von Handbohrmaschinen.

Eine besonders markante und weitgehende Sonderausführung zeigt die Ausführung einer elektrischen Handbohrmaschine (Fig. 73), wo der ursprünglich vorgesehene kleine Normalmotor zu einer, den Betriebsbedingungen angepaßten Arbeitsmaschine durchgebildet wurde.

Diese Beispiele zeigen deutlich, wie weit teilweise Sonderausführungen durchführbar sind, die bei richtiger Durchbildung erst die wirtschaftliche Verwendung des Elektromotors ermöglichten.

III. Antriebe.

A. Transmissions-Antriebe.

51. Allgemeines über Transmissions-Antriebe.

Das Wesentliche des Transmissionsantriebes besteht darin, daß eine große Anzahl Arbeitsmaschinen von gleichen oder auch von verschiedenen Arbeitsbedingungen mittels einer Transmission durch einen gemeinsamen Motor angetrieben werden. Eine Drehzahlregelung kommt für die größte Zahl der Transmissionsantriebe nicht in Frage, vielmehr wird wesentlicher Wert auf gleichbleibende Drehzahl bei allen Belastungen gelegt. Eine Ausnahme bildet der Gruppenantrieb von Arbeitsmaschinen mit stoßweiser Belastung, z. B. der Antrieb von Fallhämmern, wo zum Ausgleich der Belastungsstöße besondere Schwungmassen mit der Transmission gekuppelt werden, also ein gewisser Drehzahlabfall bei Überlastung erwünscht ist. Dieser Drehzahlabfall ist erforderlich, da ja sonst das Schwungrad nicht entladen wird und die Stöße vom Motor aufgenommen

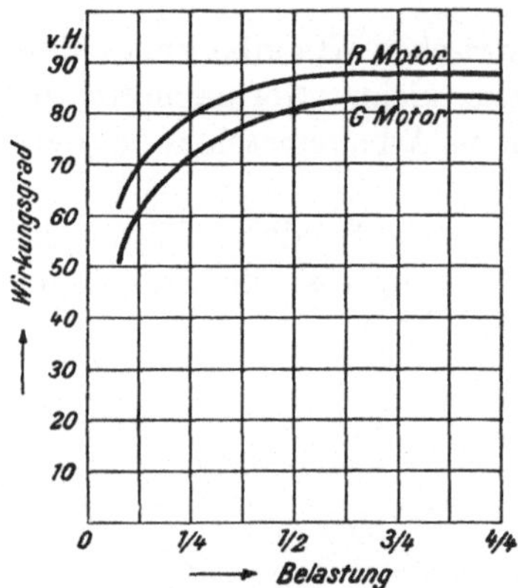

Fig. 74. Wirkungsgrade eines asynchronen Drehstrommotors und eines Gleichstrom-Nebenschlußmotors.

werden. Für Transmissionsantriebe ohne Drehzahländerung eignet sich am besten der asynchrone Drehstrommotor. Gegenüber einem Gleichstrommotor hat er den Vorteil der geringeren Anschaffungskosten, der einfacheren Wartung und des besseren Wirkungsgrades. Fig. 74 zeigt die Wirkungsgradkurve eines asynchronen Drehstrommotors und eines Gleichstrom-Nebenschlußmotors für sonst gleiche Verhältnisse. Wenn Gleichstrom und Drehstrom in einer Werkstatt zur Verfügung stehen, dann ist immer der asynchrone Drehstrommotor zum Antrieb der Transmission zu verwenden. Bei denjenigen Transmissionsantrieben jedoch, bei welchen eine Nachgiebigkeit mit Rücksicht auf die Schwungmassen erwünscht ist, muß der asynchrone Drehstrommotor mit einem dauernd eingeschalteten Rotorwiderstand laufen, da sonst eine Nachgiebigkeit nicht vorhanden wäre. Durch diesen

Widerstand wird erreicht, daß bei den stoßweisen Überlastungen ein Drehzahlabfall erfolgt, der je nach der Größe des Widerstandes etwa 5—10% betragen kann. Entsprechend der Größe des Schlupfwiderstandes verschlechtert sich der Wirkungsgrad. Ist Gleichstrom vorhanden, so eignet sich zum Antrieb besonders der Doppelschlußmotor, dessen Reihenschlußwicklung dann so bemessen wird, daß bei stoßweiser Überlastung gleichfalls ein Schlupf von 5—10% erzielt wird. Hierbei hat der Gleichstrommotor aber den wesentlichen Vorteil, daß sein Wirkungsgrad dadurch nicht verschlechtert wird. Für Transmissionsantriebe mit Schwungmassen ist daher der Gleichstrommotor dem asynchronen Drehstrommotor überlegen. Das mit der Transmission gekuppelte Schwungrad muß wegen der geringen Drehzahl der Transmission meist ein erhebliches Gewicht erhalten. Ein wesentlich leichteres Schwungrad erhält man dann, wenn die Schwungmassen mit dem raschlaufenden Motor gekuppelt werden. Allerdings hat diese Anordnung den Nachteil, daß die Stöße auf den Riemen übertragen werden, wodurch dieser entsprechend größer bemessen werden muß und auch eine geringere Lebensdauer aufweist. Es sei aber hier nochmals darauf hingewiesen, daß die Motoren bei allen Antrieben, bei denen Schwungmassen zum Entladen gebracht werden sollen, eine Nachgiebigkeit erhalten müssen. In dieser Beziehung findet man noch sehr viele

Fig. 75. Hilfskonstruktion zum Nachspannen senkrechter Riementriebe.

Antriebe, bei denen hierauf nicht Rücksicht genommen ist, daher die Schwungmassen nicht in der gewünschten Weise zur Wirkung kommen. Bei der Wahl des Antriebsmotors wird man mit Rücksicht auf den Preis eine möglichst hohe Drehzahl wählen. Wichtig ist die richtige Anordnung des Motors. Für gewöhnlich wird der Motor unterhalb der Transmission angeordnet. Es ergibt sich dann ein senkrechter Riementrieb[1]), der an und für sich ungünstig ist und der vor allem ein Nachspannen des Riemens durch Verschieben des Motors nur bei Verwendung besonderer Hilfskonstruktion zuläßt (vgl. Fig. 75). Daher ist eine Anordnung vorzuziehen, bei welcher der Motor so aufgestellt wird, daß sich ein wagerechter oder wenigstens nahezu wagerechter Riementrieb ergibt. In solchem Falle wird es evtl. möglich sein, den Motor auf einer besonderen Konsole an der Wand oder unterhalb der Decke unterzubringen. Der Motor wird dann auf Gleitschienen gesetzt und dadurch

---

[1]) Über die Bemessung der Riementriebe sei auf die einschlägigen Taschenbücher (Hütte, Dubbel, Uhland u. a.) hingewiesen.

ein richtiges Einstellen der Riemenspannung ermöglicht. Die Anordnung eines Motors auf der Konsole hat außerdem noch den Vorteil, daß der Motor gegen Verschmutzen und mechanische Beschädigung geschützt ist. Allerdings ist dann seine Wartungnicht so einfach, so daß die Gefahr besteht, wenn nicht eine systematische Betriebskontrolle durchgeführt wird, daß der Motor infolge ungenügender Wartung und Instandhaltung defekt wird.

Ist trotz einer geringen Drehzahl der Transmission ein möglichst hochtouriger Motor erwünscht, so kann dies durch Zwischenschaltung eines Riemen- oder Zahnradvorgeleges erreicht werden. Man kann dann ohne weiteres mit der Drehzahl des Motors auf 1500, bei kleinen Antrieben sogar bis 3000 hinaufgehen. Beide Anordnungen, also so-

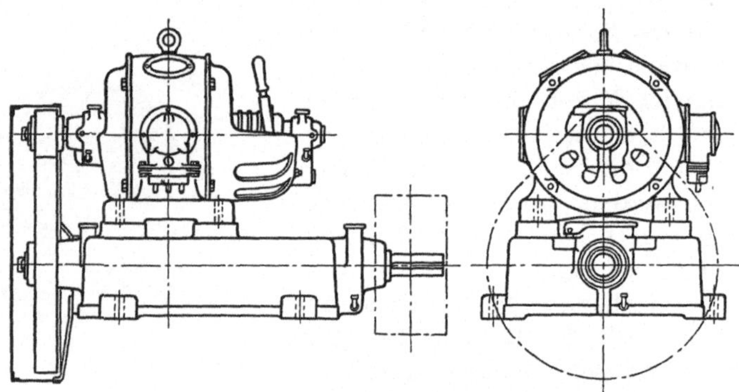

Fig. 76. Motor mit angebautem Zahnradvorgelege.

wohl Riemenvorgelege als auch Zahnradvorgelege, haben außer den zusätzlichen Übertragungsverlusten noch den Nachteil, daß infolge des meist bedingten kurzen Riemenabstandes eine schlechtere Durchzugskraft erzielt wird. Das Zahnradvorgelege wird meistens unmittelbar am Motor angebracht (vgl. Fig. 76). Vorteilhafter als Zwischenvorlege ist die Verwendung einer Spannrolle. Hierbei kann man mit der Riemenübersetzung zwischen Motor und Transmission viel höher gehen, so daß man unter sonst gleichen Verhältnissen einen rasch laufenden Motor verwenden kann. Die Anordnung einer Spannrolle hat außerdem noch den Vorteil, daß bei Platzmangel der Motor in der nächsten Nähe der Transmission angeordnet werden kann, da ja die Spannrolle ganz geringe Achsenabstände zuläßt. Dort, wo allerdings starke periodisch auftretende Belastungsstöße vorkommen, ist eine Spannrolle nur nach besonderer Prüfung zu verwenden, da sonst leicht störende Schwingungen in den Spannrollengetrieben auftreten können.

Große Schwierigkeit bereitet meist die richtige Bestimmung der Motorleistung; sie ist bei vorhandenen Anlagen noch am ehesten möglich. In solchen Fällen baut man provisorisch einen Motor ein, dessen Leistungsaufnahme am besten durch registrierende Instrumente oder durch regelmäßiges Ablesen gewöhnlicher Instrumente über einen längeren Zeitraum ermittelt wird. Unter Berücksichtigung des Wirkungsgrades des Motors kann der endgültige Leistungsbedarf der Transmission bestimmt werden. Die Messungen mit Registrierinstrumenten haben aber auch sonst große Vorteile, so daß sie auch nach Einbau des endgültig vorgesehenen Motors in regelmäßigen Abständen vorgenommen werden sollten. Man kann unter Umständen aus den Ablesungen sofort schließen, daß bei der Kraftübertragung an irgendeiner Stelle in den Getrieben unzulässig hohe Verluste vorhanden

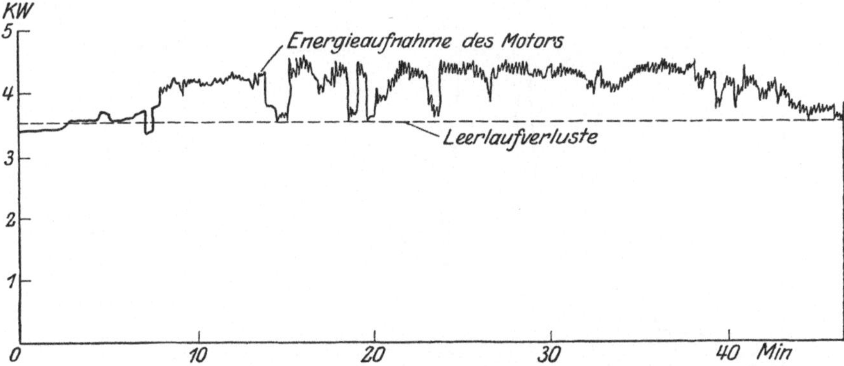

Fig. 77. Energieaufnahme eines Transmissionsmotors. Die hohen Gesamtverluste bedingen einen schlechten Wirkungsgrad.

sind. Fig. 77 zeigt z. B. das Diagramm der Energieaufnahme eines Transmissionsmotors, bei welchem die Leerlaufsverluste der Transmission einschl. Motors viel zu hoch sind. Der Gesamtwirkungsgrad betrug in diesem Falle nur etwa 10%. Es stellte sich heraus, daß an der Transmission eine ganze Anzahl Maschinen hingen, die nur sehr wenig gebraucht wurden, daß die Transmission an und für sich einen sehr schlechten Wirkungsgrad hatte und daß auch der Motor viel zu reichlich bemessen war. Fig. 78 zeigt die Energieaufnahme eines Motors, der periodisch große stoßweise Überlastungen aufwies. Es stellte sich heraus, daß an der Transmission eine verhältnismäßig große Maschine hing, die nur zeitweise arbeitete und die im Verhältnis zu den anderen Maschinen einen zu großen Kraftbedarf hatte. Die Verhältnisse können wesentlich verbessert werden, wenn für diese Maschine ein Einzelantrieb gewählt wird, so daß die stoßweisen Überlastungen der Transmission fortfallen. Wichtig ist auch die Nachprüfung des Kraftbedarfs der Transmission deshalb, weil fast in allen Betrieben durch Umstellung oder durch Änderung des Fabri-

kationsprogramms wesentliche Änderungen in den Belastungsverhält-
nissen der Transmission auftreten können.

Schwieriger ist die Berechnung des Kraftbedarfs der Transmission
bei neuen Anlagen. Sind die Arbeitsmaschinen bereits vorhanden, so
ist es leichter möglich, sich durch Nachmessungen jeder einzelnen Maschine ein Bild über deren Kraftbedarf zu machen; meistens wird man
allerdings auf die Angaben des Lieferanten angewiesen sein. Die Er-
fahrung lehrt, daß diese Angaben meist zu hoch gegriffen sind.

Von wesentlichem Einfluß auf den tatsächlichen Kraftbedarf einer
Arbeitsmaschine ist deren Belastungs- und Ausnutzungsfaktor. Unter

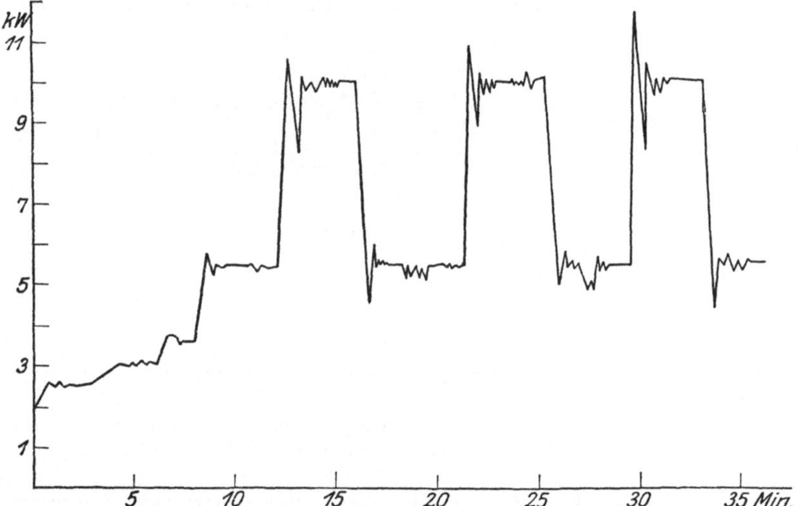

Fig. 78. Energieaufnahme eines Transmissionsmotors mit periodisch auftretenden stoßweisen Belastungen.

dem Belastungfaktor ist das Verhältnis zwischen der jeweils vorkommenden Belastung und der zulässigen Höchstbelastung der Arbeitsmaschine zu verstehen. Bei manchen Arbeitsmaschinen, z. B. bei
Textilmaschinen, Druckmaschinen usw., wird es möglich sein, daß die
Maschinen während eines längeren Zeitraumes mit der höchsten Beanspruchung laufen, so daß hierbei der Belastungsfaktor $= 1$ wird. Bei
anderen Arbeitsmaschinen, z. B. bei Werkzeugmaschinen, wird hingegen sehr oft während eines längeren Zeitraumes, z. B. beim Schlichten,
Bohren kleiner Löcher usw., ein Arbeiten mit bedeutend kleinerer Belastung, also mit einem Belastungsfaktor, der kleiner als 1 ist, vorkommen.

Als Ausnutzungsfaktor bezeichnet man das Verhältnis der reinen
Arbeitszeit, während welcher die Maschine arbeitet, zu der gesamten

Schichtzeit. Auch dieser Faktor wird bei einer ganzen Anzahl der Maschinen sich dem Wert 1 nähern, bei der größten Zahl der Arbeitsmaschinen aber bedeutend kleiner sein als 1, oft bis auf den Wert 0,1 und noch niedriger heruntergehen. Bei Werkzeugmaschinen ergibt sich immer ein Ausnutzungsfaktor, der kleiner ist als 1, da gewisse Betriebspausen durch das erforderlich werdende Aufspannen, Ausrichten, Nachmessen, Umspannen, Auswechseln der Werkzeuge usw. erforderlich werden. So zeigen z. B. Versuche, die beim Bohren mit einer Radialbohrmaschine gemacht wurden, folgendes Ergebnis: Bei anstrengenden Arbeiten wurden von 8 Uhr früh bis abends 11 Uhr 4300 Löcher gebohrt. Dabei betrug die reine Arbeitszeit nur 5 Stunden, die übrigen 10 Stunden arbeitete der Bohrer nicht. Der Ausnutzungsfaktor betrug bei dieser Arbeit $\frac{5}{15} = 0{,}33$. Um den Kraftbedarf der Transmission zu ermitteln, muß man daher versuchen, von den einzeln angeschlossenen Arbeitsmaschinen, entsprechend dem Arbeitsprogramm der hauptsächlich vorkommenden Arbeiten, sowohl den mittleren Belastungs-, als auch den mittleren Ausnutzungsfaktor zu bestimmen, und das Produkt aus diesen beiden Werten gibt dann den mittleren Kraftbedarf. Zeigen die Ermittlungen beispielsweise bei einer Arbeitsmaschine, daß diese im Mittel nur 6 Stunden bei 10 stündiger Schichtzeit ausgenutzt wird, und daß von dieser Zeit die Maschine 3 Stunden vollbelastet, 2 Stunden mit 50% und eine Stunde mit 10% arbeitet, so ergibt sich erstmalig ein Ausnutzungsfaktor von 0,6, ferner ein Belastungsfaktor von $\dfrac{3 \cdot 1 + 2 \cdot 0{,}5 + 1 \cdot 0{,}1}{10} = \dfrac{4{,}1}{10} = 0{,}41$.

Der Gesamtfaktor beträgt $0{,}6 \cdot 0{,}41 = 0{,}246$. Würde als Höchstkraftbedarf der Maschine ein Wert von 10 kW ermittelt sein, so würde sich also ein Kraftbedarf dieser Maschine für den Gruppenmotor von $10 \cdot 0{,}246 = 2{,}46$ kW ergeben. Die so für einzelne Maschinen errechneten Werte addiert ergeben dann den Gesamtkraftbedarf der an eine Transmission angeschlossenen Arbeitsmaschine, für welche dann der Motor unter Berücksichtigung der zusätzlichen Übertragungsverluste zu berechnen wäre. Wo eine solche Berechnung unter Berücksichtigung des Ausnutzungs- und Belastungsfaktors nicht möglich ist, kann ein Annäherungswert in der Weise bestimmt werden, daß von dem gesamten Kraftbedarf der einzelnen Maschine nur etwa $^1/_3$ bis $^1/_4$ für die Bemessung der Motorleistung zugrunde gelegt wird. Nachträgliche Kontrollmessungen sind dann aber sehr wichtig, um, falls sich die Wahl des Motors als nicht richtig ergeben sollte, diesen gegen einen passenden auszutauschen. Dabei ist darauf zu achten, daß die Leistung so gewählt wird, daß möglichst die längste Zeit der Motor mit seinem besten Wirkungsgrad arbeitet. Vorübergehende Überlastung hält jeder Motor aus, und zwar bestimmen die Vorschriften

des Vereins deutscher Elektrotechniker, daß jeder Motor eine Viertel-
stunde lang mit 25% und 4 Minuten mit 40% ohne Schaden über-
lastbar sein muß. Stoßweise Überlastung kann der Motor meistens
bis über 100% ohne Schaden vertragen.

Was die Spannung anbelangt, so wird man diese so hoch wie möglich
wählen, um möglichst kleine Zuleitungs-Querschnitte zu erhalten. Bei
Gleichstrom wird man also, wenn möglich bis auf 440 Volt hinaufgehen. Kleinere Drehstrommotoren sind an 220 Volt oder 380 Volt

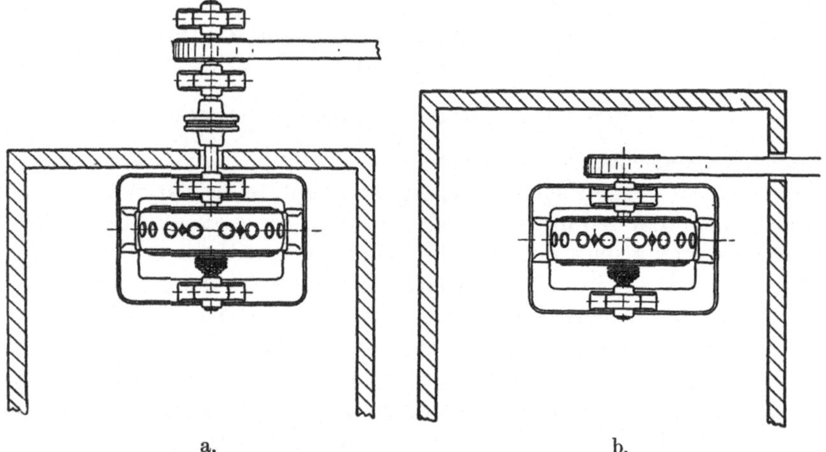

Fig. 79. Geschützte Aufstellung eines Motors in einem besonderen Betriebsraum,
Ausführung a richtig, b falsch.

anzuschließen. Größere Motoren wird man, falls Hochspannung vorhanden ist, unmittelbar an diese Spannung anschließen.

Was die Auswahl der Motoren in bezug auf die mechanische Ausführung anbelangt, so ist hier naturgemäß der billigste offene Motor
in Lagerschildausführung am Platze. Dort, wo eine Verschmutzung
oder Beschädigung möglich ist, oder die stromführenden Teile gegen
Berührung zu schützen sind, ist ein ventiliert gekapselter Motor zu
verwenden. Unbedingt ist zu vermeiden, offene Motoren zum Zwecke
des Schutzes mit einem Blech- oder Holzkasten zu umgeben. Bei solchen
Anordnungen ist meist nur eine sehr ungünstige Kühlung des Motors
möglich, wodurch eine übermäßige Erwärmung der Wicklungen und
eine Beschädigung der Isolation leicht eintreten kann. Große Motoren,
besonders Hochspannungsmotoren, sind zweckmäßig in einem besonderen Betriebsraum aufzustellen. Ist der Arbeitsraum nicht staubhaltig, dann genügt es, den Betriebsraum des Motors durch einfache
Schutzgitter von dem allgemeinen Arbeitsraum abzutrennen. Bei

staubhaltigen oder sonst gefährdeten Räumen ist ein besonderer Betriebsraum, der durch dichte Wände abzutrennen ist, vorzusehen, wobei auf gute Riemenführung und gute Ventilation des Raumes Wert gelegt werden muß. Fig. 79 a zeigt die richtige und die falsche Anordnung eines solchen Betriebsraumes; nur bei der richtigen Ausführung ist eine gute Abdichtung des Raumes nach außen möglich. Die Kühlluft ist bei solchen Räumen zweckmäßig von außen durch einen besonderen Luftkanal zuzuführen, wobei dessen Mündung möglichst unterhalb der Maschine anzuordnen ist. Für den Abzug der erwärmten Luft dient am besten ein Luftschacht, der, als Kamin über dem Motor angeordnet, ins Freie mündet.

B. Einzelantrieb.

52. Allgemeines über Einzelantriebe.

Die Entwicklung des Einzelantriebes von Arbeitsmaschinen reicht bereits einige Jahrzehnte zurück. Überall wurden die Vorteile, die sich mit dem Einzelantrieb erreichen lassen, erkannt und man versuchte, entsprechende Antriebe durchzubilden. In der ersten Zeit der Entwicklung traten jedoch sehr oft Fehlschläge ein. Der hauptsächlichste Grund bestand in den nicht genügend durchgebildeten und nicht genügend betriebssicheren Motoren, die damals noch keine Wendepole besaßen, so daß keine hohen Überlastungen, sehr ungenügende Drehzahlregelungen und kaum eine elektrische Umkehrung möglich war. Außerdem kannte man seinerzeit fast nur offene Motoren, die sich für eine große Zahl von Betrieben nicht eigneten. Erst nach Durchbildung des Wendepolmotors und vor allem auch erst nach Einführung des Drehstromes erhielt die ganze Bewegung einen neuen Impuls. Es setzten wiederum Versuche zur Einführung des Einzelantriebes ein, die dann allmählich zu einem vollen Erfolg führten. Immerhin dauerte es noch eine ganze Reihe von Jahren, ehe ein tatsächlich brauchbarer Antrieb entwickelt wurde. So wurde z. B. im Jahre 1893 die erste elektrische Fördermaschine in Betrieb gesetzt, aber erst im Jahre 1903 setzte die tatsächliche Entwicklung durch Anwendung der Leonardschaltung ein.

Betrachtet man nun die Entwicklung des Einzelantriebes bei den Arbeitsmaschinen der einzelnen Anwendungsgebiete in der Industrie, so zeigt sich die Erscheinung, daß bereits zeitig elektrische Einzelantriebe für größere Maschinen, die vorher schon einzeln, meist durch Dampfmaschinen, angetrieben wurden, eine gute Durchbildung erfuhren und weitgehende Verbreitung fanden. Meist hat man es bei diesen Antrieben verstanden, die Vorteile des Einzelantriebes auszunutzen und diese Vorteile, vereinigt mit dem Bestreben, die gesamte Krafterzeugung in großen Zentralen zu vereinigen, haben diesem Einzelantrieb immer mehr das Feld erobert. Ungünstiger sieht es bei dem Einzelantrieb für kleinere Arbeitsmaschinen aus, für die der Antrieb in der Hauptsache mittels Transmission gebräuchlich war und noch ist. Hier hat es viel längere Zeit gedauert, ehe sich der Einzelantrieb durchsetzen konnte. Erst nachdem man auch bei diesen kleinen Antrieben dazu übergegangen ist, ihre Eigenheit zu prüfen, sich ihr durch Schaffung von Sondermotoren anzupassen und alle Vorteile, die der Einzelantrieb bietet, auszuwerten, konnte sich der Einzelantrieb auch hier das Feld erobern. Am ungünstigsten ist es gegenwärtig noch mit dem Einzelantrieb von Werkzeugmaschinen (spanabhebenden Maschinen, Blechbearbeitungsmaschinen usw.) bestellt, bei welchen man zwar teilweise, hauptsächlich bei den großen Arbeitsmaschinen, über erstklassige Einzelantriebe verfügt, größtenteils aber jetzt noch Antriebe findet,

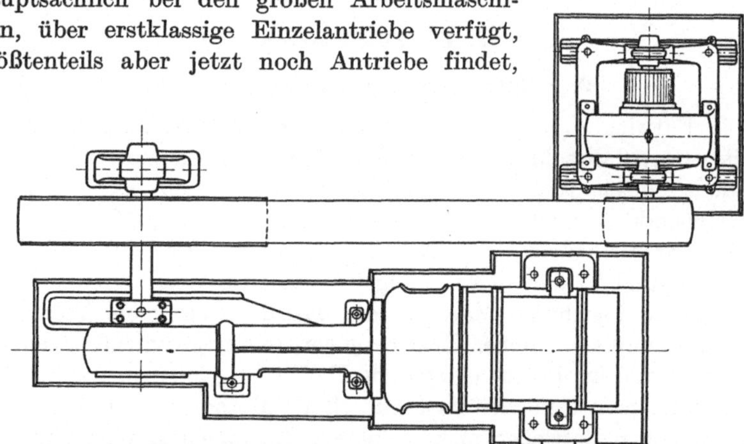

Fig. 80 a. Antriebsmöglichkeiten einer Kolbenmaschine. Riementrieb.

deren Durchbildung jedem technischen Empfinden widerstrebt. Trotzdem gehen die meisten beteiligten Ingenieure gedankenlos an solchen unwirtschaftlichen Antrieben vorbei, was sowohl auf Gleichgültigkeit, sicher aber auch auf Unkenntnis der in Frage kommenden Probleme zurückgeführt werden kann. Um aber einen technisch richtigen Einzelantrieb durchzubilden, ist es nötig, zu wissen und genau zu prüfen, welche Ausführungsmöglichkeiten vorhanden sind und welche Vorteile mit dem richtig durchgebildeten Einzelantrieb erzielt werden können. Am besten läßt sich an Beispielen ersehen, worauf es in erster Linie bei der Durchbildung eines wirtschaftlichen Einzelantriebes ankommt und welche Ausführungsmöglichkeiten gegeben sind. So zeigen die Fig. 80a—c die Antriebsmöglichkeiten einer Kolbenmaschine; es kann dies ein Luftkompressor oder eine Kolbenpumpe sein. Der ursprünglichste Antrieb ist der mittels Riemen. Der Vorteil ist ein raschlaufender, daher billiger Antriebsmotor. Nachteilig ist jedoch die Riemenüber-

tragung. Die Anschaffungskosten, vor allem aber die Erneuerungs-
kosten des Riemens, seine Wartung und Instandhaltung, werden die
Ersparnisse, die durch den billigen
Motor erzielt werden, meistens
aufheben. Bei der gezeichneten
Ausführung (Fig. 80 a) ist außerdem noch angenommen, daß der
Riementrieb längs der Maschine
verlegt werden kann, was aber
nur selten möglich sein wird.
Muß der Motor in der entgegengesetzten Richtung aufgestellt
werden, so ergibt sich für das

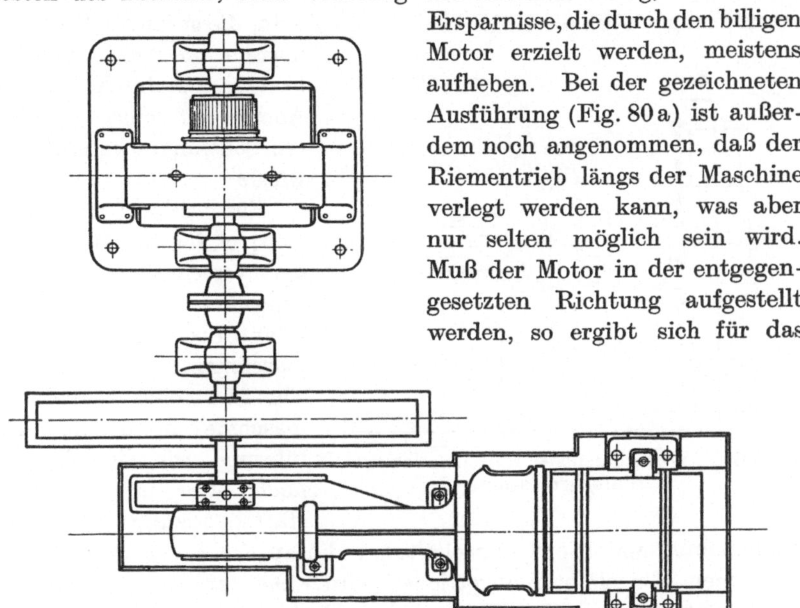

Fig. 80 b. Antriebsmöglichkeiten einer Kolbenmaschine. Elastische Kupplung.

gesamte Aggregat ein viel größerer Raumbedarf als bei unmittelbarer
Kupplung. Dadurch muß auch das Gebäude größer gewählt werden,
wodurch sich die Anlagekosten wesentlich erhöhen. Aber auch bei der
unmittelbaren Kupplung
gibt es noch verschiedene
Ausführungsmöglich-
keiten. So zeigt z. B.
Fig. 80 b eine Ausführung
mit vier Lagern und
elastischer Kupplung zwi-
schen Arbeitsmaschine

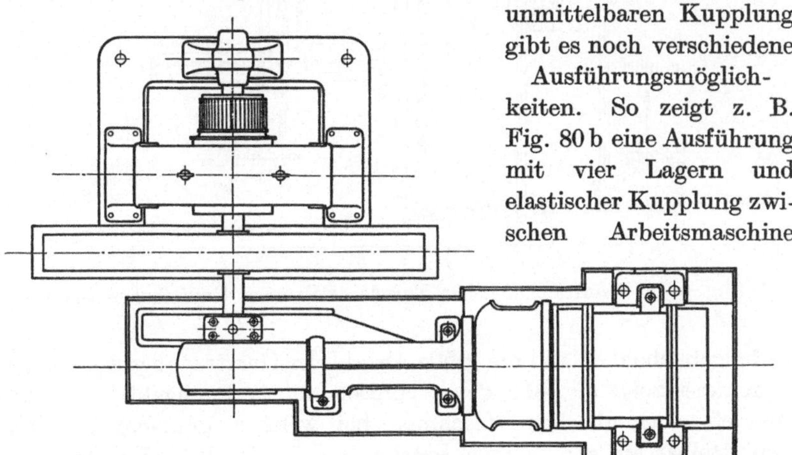

Fig. 80 c. Antriebsmöglichkeiten einer Kolbenmaschine. Starre Kupplung.

und Motor, Fig. 80c eine Zweilagerausführung, wobei der Anker des Motors unmittelbar auf der Kurbelwelle sitzt. Weiter wird bei manchen Ausführungen noch die Möglichkeit gegeben sein, die gesamten Schwungmassen im Anker unterzubringen, wodurch sich die Anordnung eines getrennten Schwungrades erübrigen würde.

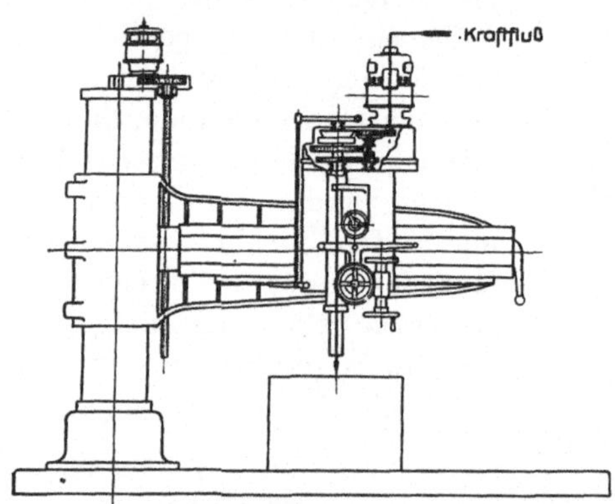

Fig. 81 a. Wirtschaftlicher Einzelantrieb einer Radialbohrmaschine.

Ein weiteres markantes Beispiel für die Möglichkeit der verschiedenen Ausführungsformen zeigen die Einzelantriebe von Radialbohrmaschinen. So zeigt die Fig. 81 b eine Radialbohrmaschine in älterer Ausführung, wie sie allerdings noch öfter in den Werkstätten anzufinden ist, mit Stufenkonus und Riemenumschaltung, die an Stelle der Transmission von einem Einzelmotor angetrieben wird. Die Zahl der Geschwindigkeitsstufen ist, da der Motor keine Drehzahlregelung besitzt, die

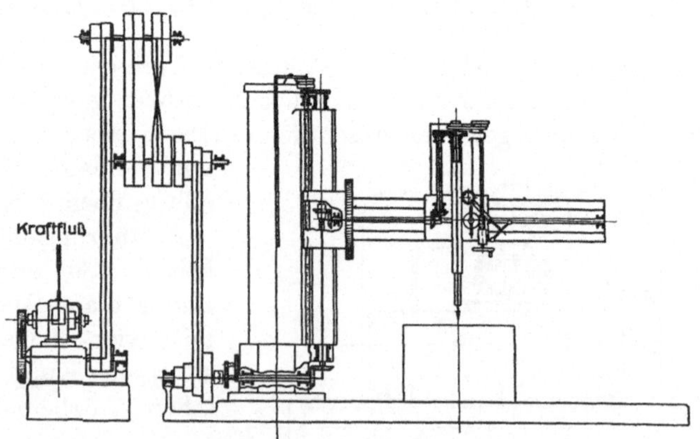

Fig. 81 b. Unwirtschaftlicher Einzelantrieb einer Radialbohrmaschine.

selbe geblieben, ebenso die große Anzahl der Übertragungsorgane. Demgegenüber zeigt Fig. 81 a den technisch richtig durchgebildeten Einzelantrieb einer gleichen Maschine, bei welcher nunmehr der Motor unmittelbar auf den Support gesetzt ist. Die Zahl der Übertragungen, die bei dem alten Antrieb 9 betrug, ist auf 2 zurückgegangen. Der bei

der Ausführung verwendete Motor ist ein Regelmotor, der eine feinstufige Einstellung der Drehzahlen ermöglicht. Die Umkehrung der
Drehrichtung erfolgt auf elektrischem Wege, so daß besondere Wendegetriebe entfallen. Innerhalb dieser in der Abbildung
wiedergegebenen extremen
Ausführungsarten gibt es
noch eine große Zahl Zwischenausführungen, z. B.
Radialbohrmaschinen mit
Räderkasten statt Riemenkonus, dann mit Motor auf
dem Ausleger usw.

Ein weiteres Beispiel
bieten die Einzelantriebe
von Drehbänken. So zeigt
z. B. Fig. 82 eine Stufenscheibendrehbank in der gebräuchlichen Ausführung,
die auch mit einem Einzelantrieb in der Weise ver

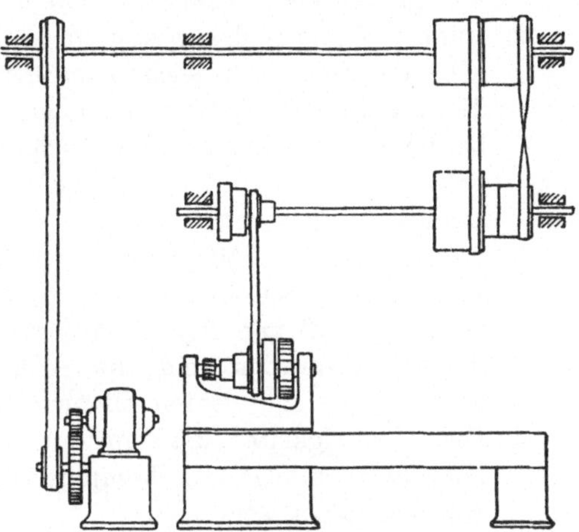

Fig. 82. Unwirtschaftlicher Einzelantrieb
einer Drehbank.

sehen wurde, daß man das Deckenvorgelege von einem kleinen besonderen
Motor antreibt. Auch diese Ausführung ist durchaus unwirtschaftlich.
Sie bietet gegenüber dem Transmissionsantrieb nur unbedeutende
Vorteile. Fig. 83 zeigt eine moderne Maschine, bei welcher ähnlich wie
bei der Radialbohrmaschine durch Einbau eines Regelmotors ein
wirtschaftlicher Einzelantrieb mit allen seinen Vorteilen erzielt worden ist.

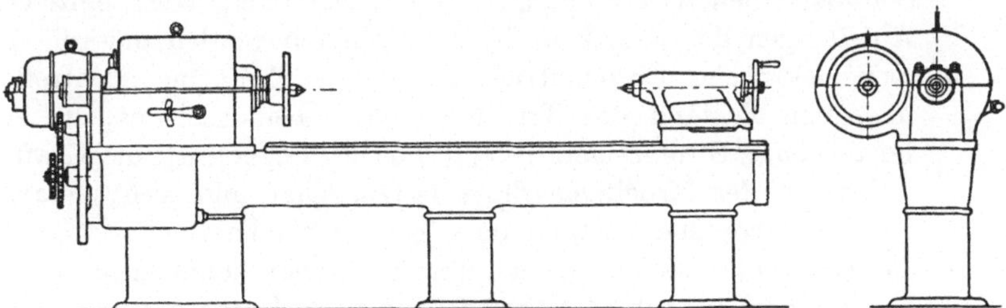

Fig. 83. Wirtschaftlicher Einzelantrieb einer Drehbank.

Diese drei Beispiele zeigen bereits, daß die Ausführung des Einzelantriebes von Arbeitsmaschinen jeglicher Art eine genaue Durcharbeitung
verlangt und eine Kenntnis der Arbeitsbedingungen des Motors und
seiner Ausführungsmöglichkeiten voraussetzt. Allgemein sind die
Vorteile des technisch richtig durchgebildeten Einzelantriebes folgende:

1. Der Baugrund kann ohne jede Rücksicht auf die Anordnung von Transmissionen voll ausgenutzt werden, was insbesondere bei unregelmäßigem oder nicht zusammenhängendem Baugrund von großer Wichtigkeit sein kann.

2. Infolge Wegfalls der gesamten Transmission kann das Fabrikgebäude wesentlich leichter ausgeführt werden, wodurch sich die Baukosten erheblich ermäßigen. So kann z. B. bei Shedbauten die Dachkonstruktion leichter und der Abstand der Säulen größer gewählt werden, wodurch wiederum eine bessere Platzausnutzung gegeben ist.

3. Es ergibt sich die Möglichkeit, die Aufstellung der verschiedenen Arbeitsmaschinen besser dem Verarbeitungsvorgang derart anzupassen, daß unnötige Transporte des Arbeitsgutes nach Möglichkeit vermieden und die Arbeitsmaschinen auch jederzeit leicht umgestellt werden können.

4. Die Schwierigkeiten, die beim Antrieb einzelner entfernt stehender Maschinen infolge von komplizierten Transmissionen entstehen würden, fallen weg.

5. Energieverluste beim Stillstand der Arbeitsmaschinen infolge leerlaufender Transmissionen treten nicht auf, da der Elektromotor beim Stillstand vom Leitungsnetz abgeschaltet ist und somit keinerlei Energie verbraucht. Es ergibt sich hieraus, insbesondere bei denjenigen Arbeitsmaschinen, die während der Arbeitsschicht längere Zeit stillstehen, eine erhebliche Ersparnis an Energiekosten.

6. Die Ersparnis an Energiekosten wird auch dann eine erhebliche sein, wenn in den Überstunden und Nachtschichten oder bei Sonntagsarbeiten nur einige Arbeitsmaschinen oder einzelne Abteilungen der Fabrik in Betrieb gehalten werden müssen.

7. Der elektrische Einzelantrieb bietet eine bequeme Kontrolle über den Zustand der Triebteile der Arbeitsmaschine, da es mittels eines Stromzeigers jederzeit leicht möglich ist, die Kraftaufnahme der Arbeitsmaschine festzustellen und sich hieraus ein Bild über den Zustand derselben zu machen.

8. Bei einem evtl. Defekt an den Transmissionen kommen meistens ganze Gruppen von Arbeitsmaschinen, evtl. sogar ganze Abteilungen der Fabrik zum Stillstand, während bei elektrischem Einzelantrieb immer nur diejenige Arbeitsmaschine außer Betrieb kommt, deren Motor defekt geworden ist.

9. Durch den Fortfall der vielen Transmissionen ergibt sich eine größere Helligkeit und ruhigere Beleuchtung, da die Schatten der Transmissionswellen, Lager und Scheiben, sowie insbesondere die beweglichen Schatten der Riemen in Wegfall kommen. Diese

beweglichen Schatten erschweren dem Bedienungspersonal die Beobachtung des Arbeitsgutes und der Maschinen außerordentlich.

10. Es ergibt sich eine größere Sauberkeit des ganzen Betriebes, da bei Fortfall der langen Riemen weniger Staub aufgewirbelt und das so oft vorkommende Abtropfen des Öles von den Transmissionen vermieden wird.

11. Bei jeder einzelnen Arbeitsmaschine kann die Geschwindigkeit entsprechend den jeweiligen Verhältnissen in bequemer Weise auch während des Betriebes geändert werden.

12. Die bei Transmissionsbetrieb erfahrungsgemäß auftretende Produktionsverminderung nach längerem Stillstand, z. B. nach Sonn- und Feiertagen wird vermieden, da die Drehzahl des Elektromotors sich bei dem in solchen Fällen auftretenden größeren Kraftbedarf nur unwesentlich vermindert und bei regelbaren Antriebsmotoren zudem jederzeit bequem auf die volle gewünschte Höhe gebracht werden kann.

13. Durch die bessere Übersichtlichkeit der ganzen Anlage wird die Überwachung des gesamten Betriebes erheblich erleichtert.

14. Endlich sei noch der günstige Einfluß des Einzelantriebes hervorgehoben, den derselbe auf die persönliche Sicherheit und die Gesundheit des Bedienungspersonals hat.

Um alle diese Vorteile zu erzielen, sind vor allem nachstehend behandelte Einzelheiten zu beachten:

53. Drehzahl-Verhältnisse.

Ein wichtiger Faktor für die Auswahl des Antriebsmotors und für die Durchbildung des Einzelantriebes sind die Drehzahlverhältnisse der eigentlichen Arbeitsmaschine. Am einfachsten wird die Anordnung dann, wenn die Arbeitsmaschine mit dauernd gleichbleibender Drehzahl durchläuft und nur in großen Zeitabschnitten ein Anlassen und Stillsetzen erforderlich wird, wie dies z. B. bei Pumpenantrieben für Wasserhaltungen und Wasserwerke, für Lüfterantriebe bei gleichbleibender Luftmenge, bei durchlaufenden Paternosterwerken usw. der Fall ist. Für solche Antriebe eignet sich infolge seiner Vorteile am besten der asynchrone Drehstrommotor, dessen Drehzahl von der Belastung unabhängig ist. Ist Drehstrom nicht vorhanden, so kommt der Gleichstrom-Nebenschlußmotor in Betracht. Die Drehzahl des Motors bzw. des Antriebes ist so zu wählen, daß besonders bei hochtourigen Maschinen eine unmittelbare Kupplung zwischen Motor und Arbeitsmaschine möglich wird. Bei asynchronen Drehstrommotoren wird man dadurch allerdings auf die Drehzahlen von etwa 1450, 950, 730 usw. (vgl. S. 33) angewiesen sein. Bei Gleichstrommotoren liegen die Verhältnisse günstiger, da man hierbei an diese Abstufung nicht gebunden ist.

Eine andere Gruppe von Arbeitsmaschinen arbeitet zwar auch längere Zeit mit der einmal eingestellten Drehzahl, jedoch ist eine verschiedene Einstellung dieser Drehzahl, also ein bestimmter Regelbereich, erforderlich. Der Gesamtregelbereich ist von der Art der Arbeitsmaschine abhängig und kann 1 : 2 bis 1 : 40 und mehr betragen. In diese Gruppe gehören sehr viele Arbeitsmaschinen, z. B. Lüfter für veränderliche Luftmengen, Papiermaschinen, Kalander, Textilmaschinen, durchlaufende Walzenstraßen und die große Zahl der Werkzeugmaschinen wie Drehbänke, Bohrmaschinen, Fräsmaschinen usw. Alle diese Maschinen verlangen innerhalb des gesamten Regelbereiches eine weitgehende feinstufige Regelung, da auf diese Weise eine bessere Anpassung der tatsächlichen Arbeitsgeschwindigkeit an die dem jeweiligen Arbeitsprozeß entsprechende wirtschaftliche Geschwindigkeit möglich wird, wodurch die Gesamtwirtschaftlichkeit des Antriebes wesentlich gesteigert werden kann. Diejenigen Arbeitsmaschinen — in erster Linie ist hierbei an solche von kleinerer Leistung gedacht — deren Antrieb durch Transmission gebräuchlich war oder noch gebräuchlich ist, erhalten, wenn nicht ein richtig durchgebildeter Einzelantrieb mit Regelmotor vorhanden ist, zum Einstellen der einzelnen Geschwindigkeiten innerhalb des Regelbereichs entsprechende mechanische Wechselgetriebe. Gebräuchlich sind Stufenscheiben, Räderkästen, und für ganz feinstufige Verstellung, z. B. wie bei Papiermaschinen, Riementriebe mit konischen Trommeln usw. Wie ungünstig, unwirtschaftlich und unzweckmäßig diese Getriebe besonders bei größerem Regelbereich oft ausfallen, zeigt nachstehendes Beispiel. Eine Drehbank soll mit einem Regelbereich von 1 : 36 ausgeführt werden; sie wird mit 4facher Stufenscheibe (vgl. Fig. 82) und einem umschaltbaren Zahnrad-Vorgelege ausgeführt, hat also 8 Geschwindigkeiten. Hierbei beträgt der Sprung, also die Drehzahlzunahme von einer Geschwindigkeitsstufe zur anderen bei gleicher geometrischer Abstufung etwa 67%. Infolge dieses hohen Sprunges können unter Umständen sehr unwirtschaftliche Verhältnisse eintreten. Fig. 84 zeigt ein Diagramm dieser Geschwindigkeitsregelung. Es ist so zu lesen, daß die einzelnen radialen Strahlen jeweils die einstellbaren Geschwindigkeitsstufen angeben. Durch die Festlegung dieser Geschwindigkeitsstufen ist dann die Abhängigkeit vom Drehdurchmesser und der Schnittgeschwindigkeit gegeben. Wird z. B. eine Drehzahl von 28 eingestellt, dann kann man bei 100 mm Durchmesser etwa 8 m, bei 200 mm etwa 17,5 m, bei 300 mm etwa 26 m Schnittgeschwindigkeit usw. erhalten. Infolge des großen Sprunges von 67% von Stufe zu Stufe können sich unter Umständen sehr ungünstige Betriebsverhältnisse ergeben. Soll

z. B. ein Drehdurchmesser von 300 mm mit 20 m Schnittgeschwindigkeit
gedreht werden, so kann man entweder eine Drehzahl von 16,6 oder von
28 einstellen; im ersteren Falle würde sich eine Schnittgeschwindigkeit von rund 15, im zweiten von etwa 26 ergeben. Da der Stahl

in den meisten Fällen eine
so erhebliche Steigerung
der Schnittgeschwindigkeit
um etwa 30% nicht zu-
läßt, so ist man gezwungen,
mit etwa 15 m zu arbeiten,
d. h. um etwa 25% weniger
als der höchstzulässigen
wirtschaftlichen Geschwindigkeit entspricht. Dies bedingt also einen Zeitver-
lust, bezogen auf die reine
Arbeitszeit von 25%. Will
man günstigere Verhält-
nisse erreichen, dann muß
die Zahl der einstellbaren
Drehzahlen, also die Zahl
der Stufen innerhalb des
Regelbereichs vergrößert
werden. Bei den Geschwin-
digkeitsverhältnissen nach
dem Diagramm mit Regel-
motor ergeben sich im ganzen 27 Drehzahlen, wobei
dann der Sprung von Stufe
zu Stufe nur 15% betragen
würde. Bei demselben Bei-
spiel hätte man dann die
Möglichkeit, mit etwa 22
oder mit etwa 18,5 m zu
arbeiten. Der Zeitverlust
würde dann nur noch 7

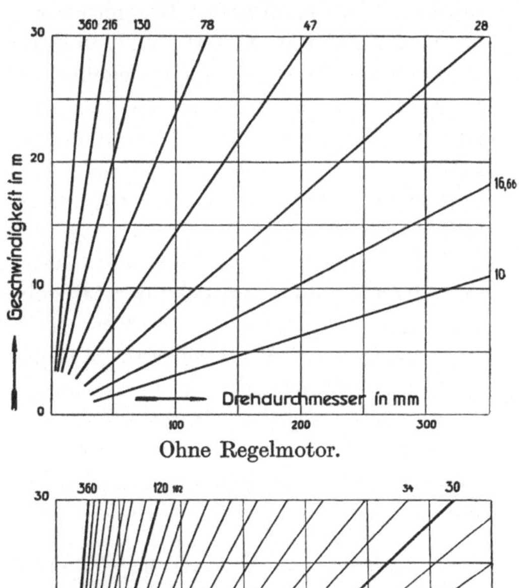

Ohne Regelmotor.

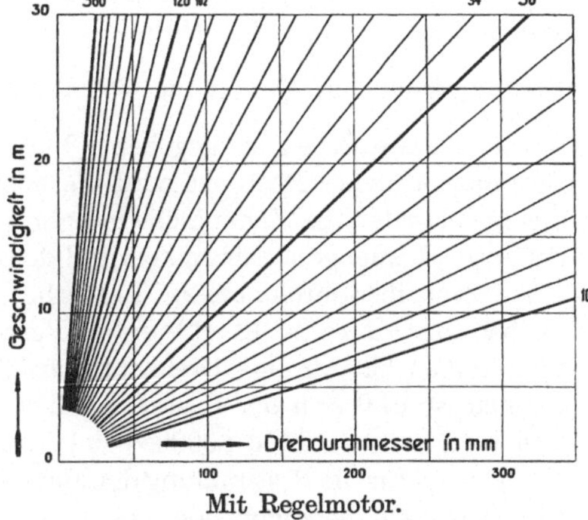

Mit Regelmotor.

Fig. 84. Geschwindigkeitsdiagramme einer
Drehbank.

gegenüber 25% betragen. Sollten diese 27 Geschwindigkeiten rein
mechanisch durch Wechselräder erreicht werden, dann würde sich
ein ganz unwirtschaftlicher Aufbau des mechanischen Getriebes
ergeben, da z. B. bei der Drehbank nach Fig. 82 durch Einbau eines
zweiten Deckenvorgeleges die Zahl der Geschwindigkeiten erst auf 16
erhöht werden konnte. Wesentlich günstiger, einfacher und wirtschaftlicher wird der Aufbau der Arbeitsmaschine bei Anwendung eines

Regelmotors. Am zweckmäßigsten wäre naturgemäß die Überbrückung des gesamten Regelbereichs auf elektrischem Wege durch entsprechende Drehzahlregelung des Motors. Auf diese Weise würden sich dann sämtliche Wechselgetriebe, da jede beliebige Drehzahl des Motors eingestellt werden kann, erübrigen. Bei geringerem Regelbereich, etwa 1 : 3 bis 1 : 4 ist dies ohne weiteres und ohne erheblichen Kostenmehraufwand möglich durch Wahl eines Regelmotors. Da, wie anfangs erwähnt, angenommen wurde, daß die eingestellten Drehzahlen unabhängig von der Belastung gleich bleiben müssen, so eignet sich zum Antrieb solcher Arbeitsmaschinen am besten der Gleichstrom-Nebenschlußmotor mit Feldregelung. Der Drehstrom-Nebenschlußmotor ist gleichfalls verwendbar, jedoch ist er viel teurer als der Gleichstrommotor und hat auch einen schlechteren Wirkungsgrad. Welche Drehzahlverhältnisse sollen nunmehr dem Regelmotor zugrunde gelegt werden? Der Gleichstrommotor gestattet einen ziemlich weiten Spielraum bei der Auswahl der Drehzahl. Naturgemäß müßte, um die Verluste der Zwischenübertragung zu vermeiden und die Betriebssicherheit zu erhöhen, möglichst unmittelbare Kupplung zwischen der Arbeitsmaschine und dem Motor angestrebt werden. Dies wird nicht immer möglich sein, besonders wenn die Drehzahlen der Arbeitsmaschine sehr niedrig sind, da dann der Motor zu groß und zu teuer ausfallen würde.

Da die Größe des Motors im wesentlichen durch den Wert $\dfrac{\text{Leistung}}{\text{Drehzahl}}$ bestimmt wird, so ist bei gegebener Leistung eine möglichst hohe Drehzahl anzustreben. Begrenzt wird die höchste Drehzahl einerseits durch die höchstzulässige Zahngeschwindigkeit des Ritzels bzw. die höchstzulässige Riemengeschwindigkeit und den dann noch zulässigen kleinsten Riemenscheibendurchmesser. Immerhin wird man bei kleineren Antrieben bis zu etwa 10 PS unter Verwendung von Stahlritzel bzw. Spannrollen bis auf eine Drehzahl von 3000 in der Minute heraufgehen können, so daß sich der Gesamtregelbereich eines Motors bei Regelung von 1 : 2 zu etwa 1500 : 3000, bei 1 : 3 zu 1000 : 3000 ergeben würde. Maßgebend für die Bestimmung der Motorgröße ist dabei die bei der kleinsten Drehzahl herzugebende Leistung (gleiche Leistung über den gesamten Regelbereich vorausgesetzt), d. h. man erreicht keine Verbilligung des Motors durch Verkleinerung des Regelbereichs, wenn dabei die Grunddrehzahlen, also die niedrigsten Drehzahlen, beibehalten werden. Ein Regelmotor für den Regelbereich 1000 : 2000 kostet dasselbe wie ein Motor von gleicher Leistung und dem Regelbereich 1000 : 3000. Es ist daher wichtig, bei der Auswahl des Regelmotors erst die höchste zulässige Drehzahl zu wählen und dann erst unter Berücksichtigung des gesamten Regelbereichs die niedrigste Drehzahl zu errechnen. Wo die Einschränkung bezüglich der Zahn- oder Riemengeschwindigkeit nicht vorhanden ist, z. B. bei direkter unmittelbarer Kupplung, kann auch bei den kleineren Gleichstrommotoren noch über 3000 Umdrehungen hinaufgegangen werden. Als Anhaltspunkt können für die höchstzulässigen Drehzahlen etwa folgende Angaben dienen:

Leistung des Motors 10   15   50   100 kW
Höchstzulässige Drehzahl etwa 6500 5000 3800 3000 i. d. Min. bei Gleichstrommotoren
„   „   „   1500 1500 1000 1000 i. d. Min. bei Drehstrom-Kollektormotoren.

Ist die höchste und niedrigste Drehzahl des Motors festgelegt, so können alle dazwischen liegenden Drehzahlen auf elektrischem Wege eingestellt werden. Beim Gleichstromnebenschlußmotor erfolgt dies durch den Nebenschlußregler, bei dem Drehstrom-Kollektormotor durch Bürstenverschiebung oder Spannungsänderung. Die Einstellung kann unter Vollast in kürzester Zeit und in einfachster Weise mit geringstem Kraftaufwand vom Standort des Arbeiters vorgenommen werden, im Gegensatz zu den mechanischen Wechselgetrieben, wo meist eine Entlastung, zeitraubende Handgriffe und ein Verlassen des Standortes des Arbeiters erforderlich wird. Außer dem Gleichstrom-Nebenschlußmotor und dem Drehstrom-Nebenschlußmotor können noch Kaskadenschaltung und Regelsätze mit Nebenschlußcharakteristik verwendet werden. Diese Anordnung ist aber nur bei großen Antrieben, z. B. Walzenstraßen, Bergwerksventilatoren usw. wirtschaftlich.

Ist der Gesamtregelbereich größer als 1 : 3 oder 1 : 4, dann ist die Gesamtüberbrückung auf elektrischem Wege nur unter bestimmten Voraussetzungen möglich. Es ist darauf hingewiesen worden, daß die Größe des Motors im wesentlichen durch den Ausdruck $\dfrac{\text{Leistung}}{\text{Drehzahl}}$ bestimmt ist. Wird nun über den gesamten Regelbereich gleichbleibende Leistung verlangt, und ist dieser Regelbereich größer als 1 : 3 oder 1 : 4, dann wird der Motor außerordentlich groß. Bei einem Regelbereich von beispielsweise 1 : 40 und einer Höchstdrehzahl von 2000 würde sich für die kleinste Drehzahl ein Wert von 50 ergeben, bei welchem der Motor die verlangte Leistung noch hergeben müßte. Dabei könnte die Regelung nicht durch Änderung des Feldes, sondern durch Spannungsänderung, z. B. durch Zu- und Gegenschaltung oder durch Leonardschaltung erfolgen. Diese Schaltung kann man daher zur Überbrückung des Gesamtregelbereichs nur dann verwenden, wenn nicht mit konstanter Leistung über den gesamten Regelbereich, sondern mit annähernd konstantem Drehmoment gerechnet werden kann. Die Leistung des Motors fällt dann annähernd verhältnisgleich mit der Drehzahl und der Wert $\dfrac{\text{Leistung}}{\text{Drehzahl}}$ wird dann für den gesamten Regelbereich prak-

tisch konstant. Annähernd gleiches Drehmoment haben z. B. Fördermaschinen mit Seilausgleich, Papiermaschinen usw. Bei manchen
Antrieben fällt das Lastdrehmoment mit der Drehzahl, z. B. bei Zen-
trifugalpumpen, Lüftern usw. Bei Antrieben mit annähernd gleichem
oder abnehmendem Drehmoment kann die Regelung mit Hilfe der
Zu- und Gegenschaltung oder der Leonardschaltung erfolgen. Innerhalb des gesamten Regelbereichs kann dann ohne weiteres jede Drehzahl auf elektrischem Wege eingestellt werden.

Bei großem Regelbereich und gleichbleibender Leistung über diesen
Regelbereich ist eine Überbrückung des gesamten Regelbereichs auf
elektrischem Wege nicht wirtschaftlich. Man muß sich dann begnügen
einen Regelmotor in den Grenzen von etwa 1 : 3 bis 1 : 4 zu verwenden,
wodurch dann noch umschaltbare Vorgelege erforderlich werden. In
welcher Weise dabei die Auswahl getroffen werden kann, zeigt nachstehende Tabelle. Angenommen ist eine Gesamtregelung 1 : 40. Wird

Zahl der Gänge	Zahl der umschaltbaren Vorgelege	Motorregelung	Geschwindigkeitsverhältnis der einzelnen Stufen
1	0	1 : 40	1 : 40
2	1	1 : 6,32	1 : 6,32 : 40
3	2	1 : 3,42	1 : 3,42 : 11,6 : 40
4	3	1 : 2,52	1 : 2,52 : 6,35 : 16 : 40
5	4	1 : 2,09	1 : 2,09 : 4,37 : 19,1 : 40

kein umschaltbares Vorgelege gewählt, dann müßte die Motorregelung
1 : 40 betragen. Dies ist, wie bereits erwähnt, bei gleichbleibender
Leistung nicht möglich. Bei einem umschaltbaren Vorgelege würde
die Regelung des Motors 1 : 6,32 betragen, und die Geschwindigkeitsverhältnisse der einzelnen Stufen würden sich wie 1 : 6,32 zu 40 ver-
halten. Bei 2 umschaltbaren Vorgelegen würde die Motorregelung auf
1 : 3,42, bei 3 umschaltbaren Vorgelegen auf 1 : 2,52 heruntergehen
usw. Die Geschwindigkeitsverhältnisse sind aus der Tabelle ohne
weiteres ersichtlich, und wäre bei der Auswahl des Motors nun folgendes zu beachten: Wird innerhalb des Gesamtregelbereichs nur eine
geringe Stufenzahl verlangt, was allerdings nur selten vorkommen
dürfte, so ist es naturgemäß das einfachste, man verzichtet auf den
Regelmotor und schaltet mechanisch um. Dies würde dann zweckmäßig
sein, wenn innerhalb des gesamten Regelbereichs von 1 : 40 die Drehzahleinstellung etwa in dem Verhältnis von 1 : 2,5 zu 6,3 zu 16 zu 40
erwünscht wäre, dann würde ein Getriebe mit 3 umschaltbaren Vorgelegen ausreichen. Meist wird aber eine möglichst feinstufige Einstellung der Drehzahlen innerhalb des Gesamtregelbereichs verlangt.
Unter diesen Umständen wählt man dann einen möglichst weiten

elektrischen Regelbereich und eine entsprechend geringere Anzahl
mechanischer Stufen. Bezeichnet

$1 : A =$ Regelbereich des Motors,

$p =$ Anzahl der mechanisch einstellbaren Geschwindigkeitsstufen,

$n_m =$ höchste Drehzahl der Arbeitsmaschine,

$n_1 =$ niedrigste Drehzahl der Arbeitsmaschine,

so ergibt sich der Regelbereich des Motors zu

$$A = \sqrt[p]{\frac{n_m}{n_1}} \, .$$

Um bei gegebener Vorgelege-Anzahl und bei gegebenem Motorregelbereich den Gesamtregelbereich zu erhöhen oder um mit einem
Motor von geringstem Regelbereich bei gegebenem Gesamtregelbereich auszukommen, kann die Anordnung auch so getroffen werden,
daß der Sprung zwischen den einzelnen Vorgelegen nicht vollständig
vom Motor überbrückt wird, sondern daß der Sprung etwas größer
als der Motorregelbereich gewählt wird[1]). Ist die Motorregelung
z. B. 1 : 3, so kann man den Sprung größer machen, und zwar im Verhältnis 1 : (3.x). Die Größe dieses Wertes x könnte naturgemäß beliebig angenommen werden. Zweckmäßig ist es jedoch, einen gleichmäßigen Abstand aller Geschwindigkeiten über den gesamten Regelbereich nach einer geometrischen Progression zu erhalten. Bei einer
gleichmäßigen Drehzahlabstufung von beispielsweise 25% und einer
Motorregelung 1 : 3 würde dann der Sprung zwischen den mechanischen Getrieben 1 : (3 . 1,25) = 1 : 3,75 betragen. In welcher Weise
die Vorgelege bei einem solchen Regelbereich errechnet werden, soll
nachstehendes Beispiel zeigen:

Vorhanden ist eine Arbeitsmaschine mit einem Gesamtregelbereich
von 1 : 20, und zwar kommt als niedrigste Drehzahl 28, als höchste 560
in Betracht. Der Sprung zwischen den einzelnen Geschwindigkeiten
und auch der zusätzliche Sprung soll 25%, also $x = 1,25$ betragen.
Es würde dann der Regelbereich des Motors bei Annahme von 3 mechanischen Geschwindigkeitsstufen betragen

$$A = \sqrt[p]{\frac{n_m}{n_1} \cdot \frac{1}{a^{p-1}}} = \sim 2,4 \, .$$

Würde der Regelbereich des Motors so gewählt, daß er jeweils den
gesamten Regelbereich zwischen den einzelnen Stufen überbrückt,
dann würde er betragen

$$A = \sqrt[p]{\frac{n_m}{n_1}} = 2,71 \, ,$$

also größer ausfallen.

---

[1]) Vgl. „Über Bestimmung von Regelmotor und Vorgelege bei Bohrmaschinen".
Zeitschr. „Die Werkzeugmaschine" 1919, Heft 36.

Um die einzelnen Drehzahlstufen zu errechnen, kann von den niedrigsten Stufen ausgegangen werden, wobei für die nächstfolgende jeweils 25% zuzuschlagen sind. Es ergibt sich dann das in Fig. 85 wiedergegebene Diagramm. Die Regelung zwischen 28—68 erfolgt elektrisch. Dann wird auf 86 mechanisch umgeschaltet, hierauf bis 209 wieder elektrisch geregelt, dann auf 260 umgeschaltet, worauf dann bis 636 wieder elektrisch geregelt wird. Fig. 86 zeigt schematisch hierzu den Getriebeplan.

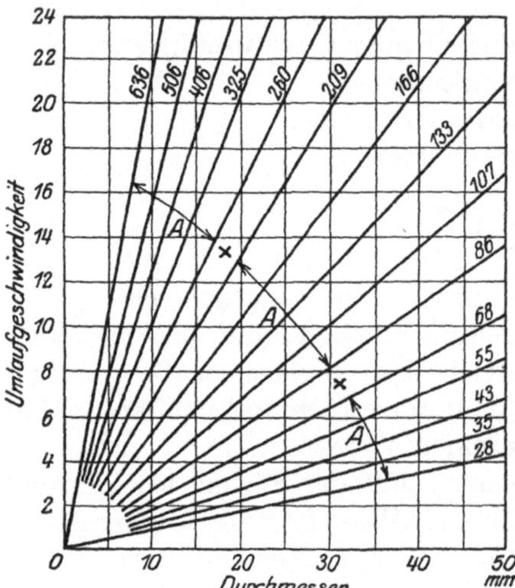

Fig. 85. Geschwindigkeitsdiagramm mit Motorregelung (*A*) und zusätzlichem Sprung im Getriebe (*x*).

Bei der praktischen Ausführung wird naturgemäß eine Abrundung der Drehzahlen mit Rücksicht auf die Wahl der zweckmäßigsten Zähnezahl und Zahnradübersetzung erfolgen.

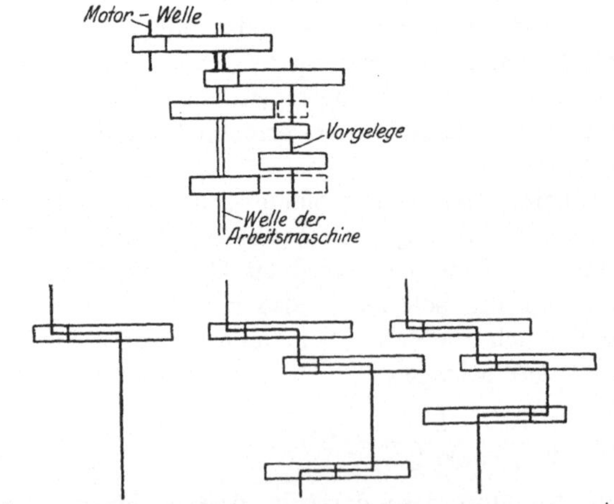

Auf Grund dieses Schemas kann der Getriebeplan jeder Arbeitsmaschine, die für gemeinsame elektrische oder mechanische Regelung ausgeführt werden soll, bestimmt werden.

Bei manchen Arbeitsmaschinen wird noch die Forderung gestellt, daß zum Zwecke des Reinigens, des Vorrichtens usw. mit einer ganz geringen Geschwindigkeit gearbeitet werden kann (z. B. bei Kalandern, Rotationsdruckmaschinen usw.). Die zweck-

Fig. 86. Schema des Getriebeplanes zu dem Geschwindigkeitsdiagramm Fig. 85.

mäßigste Lösung ist dann die, für die geringen Geschwindigkeiten einen besonderen Hilfsmotor vorzusehen, dessen Übersetzung so groß gewählt wird, daß bei seiner höchsten Drehzahl die Arbeitsmaschine mit der gewünschten geringsten Drehzahl arbeitet. Da bei der normalen Arbeitsgeschwindigkeit der kleine Hilfsmotor eine unzulässig hohe Drehzahl annehmen würde, so muß eine besonders durchgebildete Überholungskupplung zwischen den kleinen Hilfsmotor und den Hauptmotor bzw. die Arbeitsmaschine geschaltet werden, die so arbeitet, daß nach Überschreiten der höchstzulässigen Motordrehzahl des Hilfsmotors seine Abkupplung selbsttätig erfolgt. Einen solchen Antrieb zeigt Fig. 87.

Bei manchen Arbeitsmaschinen kann die Wirtschaftlichkeit wesentlich erhöht werden, wenn die Drehzahl innerhalb bestimmter Grenzen

Fig. 87. Hauptmotor mit Überholungskupplung und Hilfsmotor zum Einstellen
sehr niedriger Arbeitsgeschwindigkeiten.

in Abhängigkeit von dem Arbeitsvorgang selbsttätig geregelt wird. Ein Beispiel hierfür sind die Spinnmaschinen, bei welchen, entsprechend dem Spinnprozeß, die Drehzahlen in bestimmten Grenzen geregelt werden müssen, oder z. B. Drehbänke, bei welchen Wellendurchmesser nach Schablonen gedreht werden und wo entsprechend dem einzelnen Durchmesser verschiedene Geschwindigkeiten selbsttätig eingestellt werden müssen, oder Automaten, bei welchen in Abhängigkeit von der Stellung des Revolverkopfes verschiedene Geschwindigkeiten erwünscht sind. Durch Einhaltung dieser Bedingungen ist dann meist eine erhebliche Steigerung der Produktion möglich, da jeweils mit der wirtschaftlichsten Geschwindigkeit gearbeitet werden kann, im Gegensatz zu nicht regelbaren Antrieben, bei welchen die Drehzahl für den ganzen Arbeitsprozeß nach der jeweils niedrigsten Drehzahl eingestellt werden muß. Wird bei diesen Maschinen Nebenschlußverhalten der Motoren verlangt, so eignet sich der Gleichstromregelmotor mit Regelung des Feldes hierfür oder der Drehstrom-Nebenschlußmotor mit Regelung der Bürsten. Auch Repulsionsmotoren sind gebräuchlich, jedoch darf sich dann das Lastmoment während der einzelnen Arbeitsperioden nicht wesentlich ändern.

Eine andere große Gruppe von Arbeitsmaschinen verlangt ein dauerndes Anlassen, Drehzahlregeln und Umsteuern. Hierher gehört die große Gruppe der Aufzüge, Haspel, Fördermaschinen, Krane, Drehscheiben usw. Die Auswahl des Antriebes richtet sich nach der Eigenart und Größe der Maschine. Kleinere Antriebe, z. B. Krane, Spills, Schiebebühnen, Drehscheiben, bei denen zur Bedienung immer ein Arbeiter zur Verfügung steht und bei denen große Lastmomente vorkommen, sind am besten durch den Gleichstrom-Hauptstrommotor anzutreiben. Dort, wo Gleichstrom nicht zur Verfügung steht, ist der asynchrone Drehstrommotor zu verwenden. Wo es auf sehr genaue Steuerung ankommt, z. B. bei Gießerei-Kranen, ist unbedingt der Gleichstromantrieb vorzuziehen.

Bei Reihenschlußmotoren ist zur Auswahl der Drehzahl des Motors das Drehmoment bei Leerlauf von Einfluß, da deren Drehzahl bei Entlastung, also bei Leerlauf der Arbeitsmaschine, erheblich in die Höhe geht. Je kleiner das Leerlaufdrehmoment ist, desto höher wird dann die Drehzahlsteigerung bei Entlastung sein. Für Antriebe mit niedrigem Leerlaufdrehmoment muß dementsprechend ein langsam laufender Hauptstrommotor gewählt werden.

Bei großen Arbeitsmaschinen, wie z. B. Fördermaschinen, ist die Leonardschaltung am zweckmäßigsten, weil dabei eine eindeutige Steuerung in Abhängigkeit von der Stellung des Steuerhebels und daher eine einfache und zweckmäßige Durchbildung geeigneter Sicherheitsapparate für dies selbsttätige Stillsetzen der Fördermaschine erreicht werden kann. Bei mittelgroßen Maschinen ist auch der Repulsionsmotor, insbesondere in seiner Ausführung als Doppelmotor, und neuerdings auch der asynchrone Drehstrommotor gebräuchlich. Allerdings bedingen diese Motoren wegen ihrer nicht eindeutigen Steuerung in Abhängigkeit von der Stellung des Steuerhebels eine wesentlich schwierigere Durchbildung der Sicherheitseinrichtung.

Auch bei kleineren Arbeitsmaschinen gibt es welche, die dauernd selbsttätig umgesteuert werden müssen; hierher gehören z. B. in erster Linie die Hobelmaschinen. Hierfür eignet sich am besten der Gleichstrom-Nebenschlußmotor, welcher durch einen besonders durchgebildeten Anlasser in Abhängigkeit von der Bewegung des Tisches dauernd umgesteuert wird[1]). Da sich bei den meisten Hobelmaschinen ein Arbeits- und ein Leergang abwechseln, so ist eine möglichst hohe Rücklaufgeschwindigkeit für den Leergang zu verwenden, was durch die Wahl eines Regelmotors erreicht wird. Die Regelmöglichkeit kann dann auch

---

[1]) Chladek, „Zur Entwicklung des Hobelmaschinenantriebes", Zeitschr. „Die Werkzeugmaschine" 1919, Heft 31.

für die Veränderung der Schnittgeschwindigkeit beim Arbeitsgang verwendet werden. Bei solchen Umkehrantrieben kommt es darauf an, ein möglichst kleines Schwungmoment zu erhalten, um die Zeit für die Umsteuerung tunlichst zu verkürzen. Da die Schwungmassen des Motorankers meist den größten Prozentsatz der umzusteuernden Massen (oft bis 80%) ausmachen, so ist es sehr wichtig, einen Motor auszuwählen, dessen Arbeitsvermögen im Motoranker möglichst gering ist[1]). Dieses Arbeitsvermögen ändert sich infolge der Unsymmetrie des Aufbaues der Motoren je nach der zugrunde gelegten Drehzahl. Fig. 88 zeigt z. B. die Änderung des Arbeitsvermögens eines Motorankers, Motorleistung etwa 7,5 kW, in Abhängigkeit

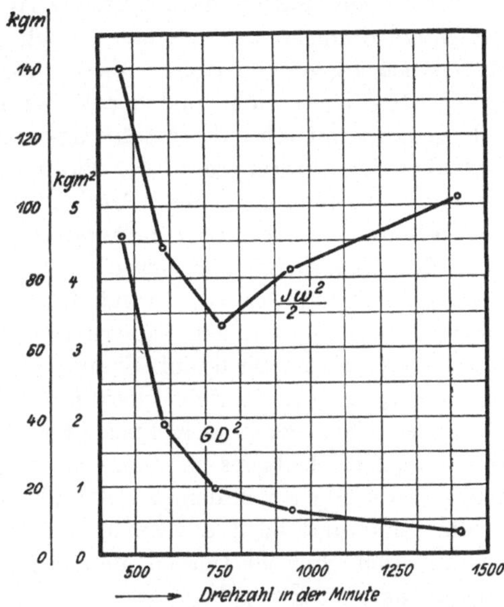

Fig. 88. GD² und Arbeitsvermögen eines Motorankers in Abhängigkeit von der Drehzahl (Antriebsleistung 7,5 kW).

von der gewählten Drehzahl. In diesem Falle würde man die geringste Umsteuerungsenergie, also bei gleicher Umsteuerungsleistung die kürzeste Umsteuerzeit erhalten, wenn die Übersetzungen zwischen Arbeitsmaschine und Motor so gewählt würden, daß sich für den Motor eine Drehzahl von etwa 730 ergibt. Eine weitere Verkleinerung der Schwungmassen kann auch durch Unterteilung der Leistung auf 2 Motoren, oder durch Ausbildung besonderer Motoren mit geringem Ankerdurchmesser erzielt werden.

54. Bestimmung der Motorleistung.

Für die Wirtschaftlichkeit einer Arbeitsmaschine ist die richtige Bemessung der Motorleistung außerordentlich wichtig. Ein zu großer Motor bedingt unnötig hohe Anschaffungskosten; außerdem arbeitet dann der Motor, weil er nicht genügend ausgenutzt ist, mit einem schlechten Wirkungsgrad. Es darf nicht verkannt werden, daß die Bestimmung der richtigen Leistung des Antriebsmotors oft sehr schwierig

---

[1]) Vgl. „Auswahl des asynchronen Drehstrommotors für Umkehrantriebe", Dinglers Polytechnisches Journal 1919, Heft 21.

ist. Am einfachsten wird sie noch da sein, wo es sich um Antriebe handelt, die längere Zeit mit gleichbleibender Belastung durchlaufen, z. B. Pumpen, Lüfter, durchlaufende Aufzüge, Papiermaschinen usw., besonders dann, wenn sich dabei noch die Werte der Belastung der Arbeitsmaschine rechnerisch erfassen lassen. So kann man z. B. aus der geförderten Wasserhöhe und der Wassermenge den Kraftbedarf ziemlich genau ermitteln, da Erfahrungswerte über den Rohrwiderstand und über den Wirkungsgrad der Pumpe meist in hinreichend genauem Maße zur Verfügung stehen. Ähnlich steht es bei Aufzügen, Haspeln und Hebezeugen, wo man zum mindesten aus der Nuztlast das für den normalen Dauerbetrieb in Frage kommenden Drehmoment und unter Berücksichtigung der Geschwindigkeit die Leistung ermitteln kann. Auch bei Textilmaschinen, Papiermaschinen usw. wird man, wenn auch nicht rechnerisch, doch auf Grund von Messungen an vorhandenen Maschinen den voraussichtlichen Kraftbedarf von neuen Maschinen-Typen ziemlich genau errechnen können. Schwieriger ist die Bestimmung des Kraftbedarfes bei Werkzeugmaschinen, da hier die Zusammenhänge zwischen Spanquerschnitt und Leistung noch nicht eindeutig geklärt sind und auch der Zustand des Werkzeuges eine große Rolle spielt. Auch hierbei werden Messungen an vorhandenen Maschinen gute Anhaltspunkte geben.

Für die Bestimmung des Motors ist, sobald die Drehzahlverhältnisse festliegen, im wesentlichen die Leistung, die der Motor dauernd hergeben muß, ohne sich unzulässig zu erwärmen und das höchstzulässige Drehmoment, von Wichtigkeit. Bezüglich der Erwärmung der Motoren sind vom V. d. E. eindeutige Bestimmungen herausgegeben. Wird die Dauerleistung eines Motors mit einer bestimmten Kilowattzahl angegeben, so heißt dies, daß der betreffende Motor bei der angegebenen Drehzahl und Spannung diese Leistung dauernd abgeben kann, ohne daß die Erwärmung die festgelegten Höchstgrenzen überschreitet.

Ist bei einer Arbeitsmaschine ein bestimmter Kraftbedarf festgelegt worden, der über einen längeren Zeitraum, also z. B. 2 Stunden lang, benötigt wird, so ist dadurch die Größe des Motors eindeutig bestimmt. Es ist dann gleichgültig, ob der Motor auch längere Zeit mit einer bedeutend geringeren Leistung beansprucht wird, da mit Rücksicht auf die vorkommende höchste Dauerbelastung der Motor dementsprechend bemessen werden muß. Dadurch kann es vorkommen, daß der Motor während längerer Zeit nur mit sehr geringer Belastung und mit einem dementsprechend schlechten Wirkungsgrad arbeitet. Diesem Übelstand kann dann weniger durch die Auswahl des Motors als vielleicht durch Änderung des Arbeitsprogramms der Arbeitsmaschine abgeholfen werden. Es ist denkbar, daß dann die Arbeit auf der Maschine so verteilt wird, daß der während einer bestimmten Zeit benötigte hohe Kraftbedarf durch Verlängerung dieser Zeit erniedrigt wird, wodurch dann eine kleinere Motortype gewählt werden könnte. Um dies besser zu verstehen, seien folgende Zahlenbeispiele gewählt:

Eine Arbeitsmaschine arbeitet so, daß sie 2 Stunden am Tage mit 50 kW und 6 Stunden mit 10 kW belastet ist. Es ist dann ein Antriebsmotor erforderlich, der 50 kW leisten muß, und der dann innerhalb 6 Stunden nur mit 20% Belastung arbeitet. Bei einem solchen Antrieb muß dann geprüft werden, ob nicht die Arbeitsleistung der 2 Stunden auf 4 Stunden verteilt werden kann, wodurch der Kraftbedarf, gleichen Wirkungsgrad der Arbeitsmaschine vorausgesetzt, auf etwa 25 kW heruntergehen würde. Dementsprechend ergäbe sich eine Arbeitssteigerung innerhalb der restlichen Zeit, d. h. der Motor würde nunmehr nicht mehr 6 Stunden mit 10 kW, sondern 4 Stunden mit etwa 15 kW Belastung arbeiten. Es würde dann ein Motor von 25 kW erforderlich sein, der dann nur 4 Stunden mit einer günstigeren Belastung von nunmehr etwa 70% arbeitet.

Außer in bezug auf die Dauerleistung muß der Antriebsmotor noch in bezug auf das höchste vorkommende Drehmoment, es wird dies meist das Anlaufdrehmoment sein, geprüft werden. Dieses Anlaufdrehmoment setzt sich zusammen aus dem Lastmoment während der Anlaufzeit, vorausgesetzt, daß ein solches vorhanden ist, und dem zusätzlichen Beschleunigungsmoment, das zum Beschleunigen der gesamten bewegten Massen, also sowohl des Motorankers als auch der umlaufenden Teile der Anlaßmaschine, erforderlich ist. Nur bei Maschinen mit sehr vielen Teilen und Lagerstellen ist noch eine Kontrolle in bezug auf das zu überwindende Moment der Ruhe erforderlich. Die Prüfung des Anlaufdrehmomentes ist besonders wichtig bei Antrieben, bei denen große Massen in möglichst kurzer Zeit beschleunigt werden müssen, oder bei der Verwendung von Motoren, die nur ein kleines Anlaufdrehmoment entwickeln (z. B. Asynchronmotoren mit Kurzschlußanker, Synchronmotoren). Ergibt nun die Rechnung, daß bei den getroffenen Annahmen der gewählte Motor nicht in der Lage ist, das in Frage kommende Drehmoment zu entwickeln, dann muß versucht werden, dadurch die Verhältnisse zu verbessern, daß eine niedrigere Beschleunigung, also längere Anlaufzeit, gewählt wird, oder es müssen besondere Vorrichtungen zum Leeranlaufen des Motors geschaffen werden. Ist beides nicht möglich, dann bleibt nur der eine Ausweg, den Motor entsprechend stärker zu wählen, was aber auf die Wirtschaftlichkeit des Antriebes außerordentlich nachteilig ist.

Außer Antrieben mit gleichbleibender Dauerleistung gibt es noch eine sehr große Anzahl von solchen, bei denen eine dauernde Änderung des Belastungsmomentes während des Arbeitsprozesses erfolgt. Hierbei

kann auch in periodischen Abständen Vollast, Teillast und Leerlauf
abwechseln. Will man für solche Verhältnisse die Größe des Motors
bestimmen, dann ist es erforderlich, für einen längeren Zeitraum oder
für ein sich dauernd wiederholendes Spiel das Diagramm des Leistungs-
bedarfs aufzustellen, das dann für die Bestimmung der Motorgröße zugrunde gelegt werden kann. Da die Erwärmung in der Motorwicklung
sich im quadratischen Verhältnis mit dem Strom ändert, so würde sich
auch, wenn die Annahme gemacht wird, daß der Strom der Leistung
verhältnisgleich ist, die Erwärmung im quadratischen Verhältnis mit
der Leistung ändern. Dies stimmt nicht genau, da infolge des schlechten
Wirkungsgrads, bei Wechselstrom meist auch wegen der schlechteren Phasenverschiebung bei Teillast der Strom sich nicht ganz im
linearen Verhältnis mit der Leistung ändert. Besser ist daher zur
genauen Bestimmung die Aufstellung des Stromdiagramms. Da
dies aber bei der Vorausberechnung schwierig ist, indem der
Wirkungsgrad und die Phasenverschiebung des Motors auch
noch nicht eindeutig festliegen, so erhält man ein genügend genaues
Ergebnis, wenn nach der Auswertung der Leistung noch ein Sicher-
heitszuschlag von etwa 5—10% gemacht wird. Hat der errechnete
Leistungsverlauf etwa die Form der Fig. 89, dann kann man den für
die Bestimmung des Motors in Frage kommenden Effektivwert der
Leistung wie folgt errechnen:

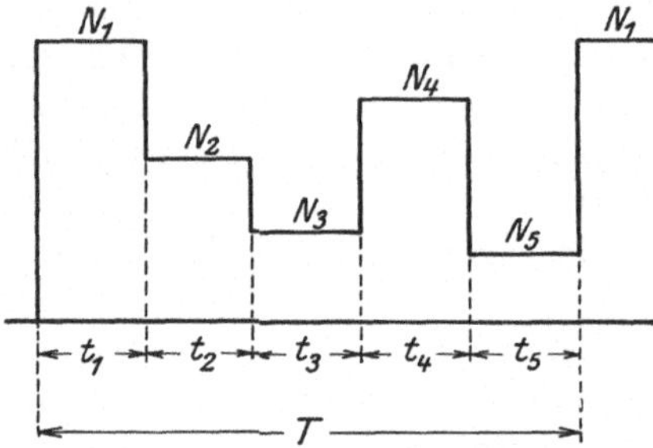

Fig. 89. Diagramm einer Arbeitsmaschine
mit periodisch schwankendem Kraftbedarf.

$$N_{eff} = \sqrt{\frac{N_1^2 \cdot t_1 + N_2^2 \cdot t_2 + N_3^2 \cdot t_3 + \ldots}{T}}$$

Bei Kurven, die rechnerisch nicht erfaßt werden können, ist eine
Auswertung mit Hilfe des Planimeters möglich. Dabei wird, wenn perio-
disches Spiel in Frage kommt, der Effektivwert einer Periode ausge-
wertet, oder wo dies nicht zutrifft, muß die Auswertung für einen längeren Zeitraum vorgenommen werden. Nach Errechnung der Effektiv-
leistung ist stets zu prüfen, ob die auftretenden Spitzenbelastungen
von dem aus dem Effektivwert bestimmten Motor noch hergegeben
werden können.

Bei einer Anzahl von Antrieben ist die Belastung aussetzend, d. h.
nach einem kürzeren Arbeitsspiel erfolgt ein Stillsetzen des Motors
und nach einer entsprechenden Pause ein Wiederanfahren. Hierbei
können die Intervalle ziemlich regelmäßig sein, z. B. bei Haspeln,

Förderanlagen (vgl. Fig. 90), oder das Spiel kann sehr ungleichmäßig sein wie bei Kranen, Spills, Drehscheiben usw. Im ersteren Falle kann das Leistungsdiagramm ziemlich genau nach den vorhandenen Daten, wie Nutzlast, Teufe, Geschwindigkeit usw. errechnet werden[1]). Aus dem aufgestellten Diagramm läßt sich dann der quadratische Mittelwert der Stromaufnahme der für die Größe des Motors bestimmend ist, leicht ermitteln. Bei Kranen, Spills usw. ändern sich oft Leistung und Zeit, so daß zur Bestimmung des Motors auf Erfahrungswerte zurückgegriffen werden muß. Hierbei ist für die Motoren der Begriff der intermittierenden Leistung geschaffen worden und zwar unterscheidet man Motoren für 30, 45, 60 und 90 Minuten Leistung. Es ist dies diejenige Leistung, die der Motor 30, 45, 60 oder 90 Minuten lang hergeben

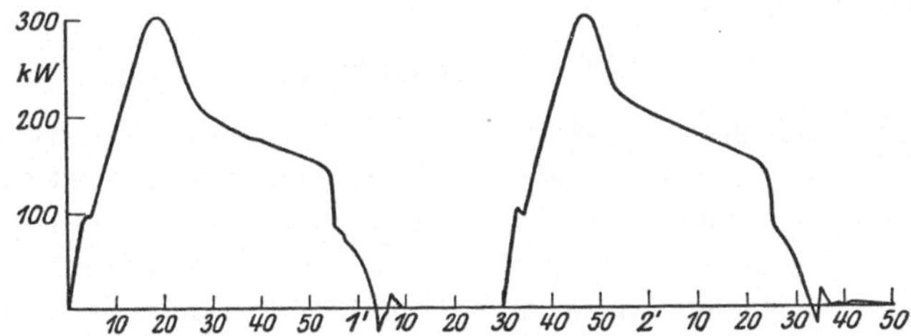

Fig. 90. Leistungsdiagramm eines Fördermotors.

kann, ohne die zulässige Erwärmung zu überschreiten. Es ist ohne weiteres verständlich, daß ein Motor, der nur 30 Minuten eine bestimmte Leistung abzugeben braucht, kleiner ausfallen wird als ein Motor der die gleiche Leistung 90 Minuten hergeben muß. Dementsprechend wählt man, sobald die Leistung des Motors ermittelt ist, je nach Erfahrungswert einen Motor für 30, 45, 60 oder 90 Minuten Leistung. Als Anhalt für die Auswahl kann etwa folgende Tabelle dienen:

30-Minutenleistung: Krane in Kraftwerken, Drehscheiben, Spills, Schiebebühnen, Fahrwerke von Verladebrücken und Portalkranen, die selten verfahren werden.

45-Minutenleistung: Hafenkrane für Stückgüter, Werkstattgießerei und Werftkrane.

60-Minutenleistung: Hafenkrane für Massengüter, Hebezeuge mit Selbstgreifern, die meisten Hüttenkrane.

90-Minutenleistung: Stripperkrane, Gießkrane, Hebetische, Koksausdrückmaschinen.

Der intermittierende Betrieb ist naturgemäß auch bei vielen anderen Arbeitsmaschinen, z. B. Werkzeugmaschinen vorhanden. Bei Bohrmaschinen z. B. ist mit besonders viel Arbeitspausen zu rechnen, da oft nur Löcher von geringer Tiefe gebohrt werden und nach jedem

---

[1]) Näheres siehe Prof. Dr. Ing. W. Philippi: Elektrische Fördermaschinen. Verlag Hirzel.

Loch ein Herausziehen und Umsetzen des Bohrers erforderlich wird.
Man wird daher auch hier den Motor unter Berücksichtigung der Höchst-
leistung und Intermittenz berechnen und dementsprechend kleinere
Motortypen wählen können als der maximal vorkommenden Leistung
entspricht. Je nachdem die Werkzeugmaschinen in einem Betriebe
stark oder weniger stark in Anspruch genommen werden, vor allem
wenn auf kurze Arbeitsperioden, Stillstand oder Leerlauf in Frage kommt,
kann eine Motortype gewählt werden, deren Dauerleistung etwa 20 bis
40% niedriger liegt als der höchstvorkommende Wert. Eine Ausnahme
davon käme nur für große Werkzeugmaschinen in Frage, z. B. bei
Drehbänken, wo lange Wellen geschruppt werden und dabei die Drehbänke mit ihrer vollen Leistung mehrere Stunden hintereinander durchlaufen müssen.

55. Riemenantrieb.

Um die richtige Einstellung zu der Frage der Verwendung des
Riemens bei einem elektrischen Einzelantrieb zu erhalten, ist es wichtig,
sich darüber klar zu werden, welchen ursprünglichen und eigentlichen
Zweck der Riemenantrieb gehabt hat. Als die elektrische Energieübertragung noch nicht bekannt war, mußten zwischen der eigentlichen
Kraftquelle und der Arbeitsmaschine mechanische Zwischenübertragungen
angeordnet werden, die mit der Ausdehnung der Anlagen oft recht
umfangreich wurden. Hierzu diente in erster Linie der Riemen, der
auch jetzt noch sowohl bei Transmissionsanlagen als auch beim Einzelantrieb vorzufinden ist. Der eigentliche Zweck des Riemens, nämlich
die mechanische Energieübertragung, wozu er bei kürzerem Abstande
der Betriebsmittel hervorragend geeignet ist, wurde jedoch noch er-
weitert, indem die Riementriebe zum Ein- und Ausschalten der Arbeitsmaschine (z. B. mit Hilfe von Deckenvorgelege), zum Umsteuern der
Arbeitsmaschine (z. B. mit Hilfe von offenen und gekreuzten Riemen)
und zum Drehzahlregeln der Arbeitsmaschine (z. B. mit Hilfe von
Stufenscheiben, konischer Trommel) verwandet werden. Solange kein
elektrischer Einzelantrieb vorhanden war, hatte diese Anwendung
des Riemens trotz ihrer erheblichen Mängel ihre Daseinsberechtigung.
da andere mechanische Ausführungsarten (Leerlaufkupplung, Zahnrad-
wendegetriebe, Friktionsscheibe, Planetengetriebe usw.) mehr oder
weniger dieselben Nachteile aufwiesen. Nachdem aber bei einem elektrischen Einzelantrieb sich auf elektrischem Wege durch den Motor
allein das Stillsetzen, Umsteuern und Regeln in viel zweckmäßigerer
und wirtschaftlicherer Weise erreichen läßt, soll die Verwendung des
Riemens für diese Zwecke daher unbedingt vermieden werden. Betrachtet
man z. B. den Drehbankantrieb (Fig. 82), so zeigt es sich, daß das Stillsetzen der Drehbank, da der Motor durchläuft, durch Verschiebung

des Riemens erfolgt. Dies bedingt Leerlaufverluste des Motors, des Zahnradvorgeleges und des Deckenvorgeleges während der Arbeitspause. Zum Rücklauf der Bank dient der gekreuzte Riemen, der gleichfalls zusätzliche Verluste verursacht. Für die Drehzahlregelung ist außer dem umschaltbaren Zahnradvorgelege auf der Drehbank noch eine Stufenscheibe vorgesehen mit ihren bekannten Nachteilen, vor allem mit dem schlechten Durchzug, besonders bei großem Drehmoment, wenn also der Riemen auf der kleinsten Scheibe läuft. Es muß daher

Fig. 91. Drehbankantrieb mit Wippe.

bei der Durchbildung des Einzelantriebes immer versucht werden, das Stillsetzen, Anlassen, Umsteuern und Regeln auf rein elektrischem Wege zu erreichen. So zeigen die beiden Drehbankantriebe der Fig. 91 und 92 den Ersatz des Deckenvorgeleges und des gekreuzten Riemens durch einen umkehrbaren Motor, der in den Arbeitspausen stillgesetzt wird. Hingegen ist die Drehzahlregelung durch Riemen-Stufenscheiben noch beibehalten. Daher sind auch beide Lösungen noch als unwirtschaftlich zu bezeichnen. Die kurzen Riemenabstände bedingen schlechte Durchzugsverhältnisse, die bei der Ausführung nach Fig. 91 durch Federspannung behoben werden sollen. Dabei ist die große Material-

vergeudung für die Säule zur Aufnahme des Motors und der Stufenscheibe ohne weiteres ersichtlich. Erst die Verwendung eines Regelmotors und ein zweckmäßiger Zusammenbau in der Form der Fig. 83
zeitigt eine wirklich wirtschaftliche Anordnung des Einzelantriebes,
bei welchem alle mit dem Einzelantrieb erzielbaren Vorteile vorhanden sind[1]). Außer dem guten Wirkungsgrad infolge Fortfall aller un-
nötigen Zwischenübertragungen ermöglicht vor allem die elektrische
Drehzahleinstellung die kürzesten Griffzeiten, im Gegensatz zu der Dreh-

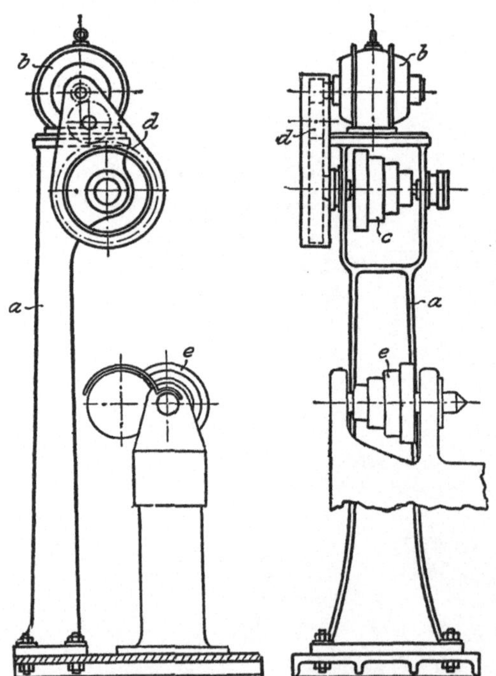

Fig. 92. Drehbankantrieb mit Motor und Stufenkonus auf besonderer Säule.

zahlregelung durch Um-
legung des Riemens auf
der Stufenscheibe, die zeit-
raubend und umständlich
ist. Sie wird daher auch
sehr oft aus Nachlässigkeit
und Bequemlichkeit des
Arbeiters unterlassen, so
daß die Arbeitsmaschine
mit einer nicht wirtschaftlichen Geschwindigkeit arbeitet. Zu derselben Über-
zeugung der Unzweckmäs-
sigkeit der Riementriebe
wird man unbedingt gelan-
gen, wenn daraufhin noch-
mals die beiden Ausfüh-
rungen des Antriebes von
Radialbohrmaschinen nach
Fig. 81 verglichen werden.

Der Riementrieb soll
also nur dort angewendet
werden, wo er zur Energieübertragung oder Änderung
der Übersetzung dient und
seine besonderen Vorzüge, z. B. der Schutz vor Bruch der Getriebe durch
Riemenrutsch bei plötzlicher Überlastung, das Fernhalten der Erschütterungen von der Arbeitsmaschine bei besonders feinen Arbeiten, z. B.
Schleif- und Schlichtarbeiten. Aber auch bei den Antrieben, wo diese
Bedingungen gestellt sind, ist ein anderer Ersatz des Antriebes oder der
Zwischenübertragungen anzustreben, da der Riemen mit wenigen
Ausnahmen bei Einzelantrieb meist infolge der bedingten kurzen
Riemenabstände, wenn nicht besondere Hilfsmittel verwendet werden,

---

[1]) Vgl. „Einzelantrieb von Drehbänken", Zeitschr. „Die Werkzeugmaschine"
1920, Heft 35.

keine guten Durchzugsverhältnisse zuläßt. Eine Ausnahme bilden
nur solche Arbeitsmaschinen, die im wesentlichen aus einer großen
Zahl umlaufender Teile bestehen, z. B. Papiermaschinen, Kalander,
Rotationsdruckmaschinen usw. Bei diesen Arbeitsmaschinen ist meist
eine große Zahl mechanischer Zwischenübertragungen vorhanden und
für den Hauptantrieb eher Raum für genügend große Achsenabstände.
Zweckmäßig ist es bei solchen Antrieben gegebenenfalls, den Motor
im Keller aufzustellen, wodurch man in der Lage ist, genügend große
Achsenabstände zu er-
halten. Fig. 93 zeigt z. B.
solchen Antrieb eines
Holländers.

Daß auch die Eigen-
schaften der Riemenan-
triebe, die Getriebeteile
vor Brüchen zu bewahren,
sich auf anderem Wege
erreichen lassen, zeigt das
Beispiel des Antriebes
eines Webstuhles. Der
Webstuhl muß, sobald

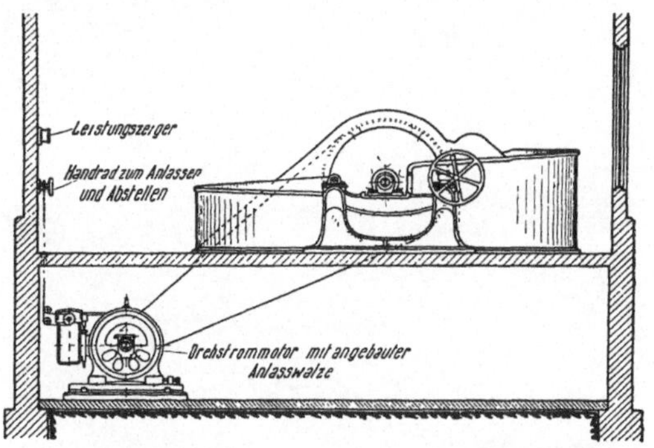

Fig. 93. Holländer-Antrieb mittels Riemen.

das Schiffchen zwischen den Kettenfäden stecken bleibt, augen-
blicklich stillgesetzt werden, da sonst durch das Aufschlagen der Lade
auf das Schiffchen ein Zerreißen der Kettenfäden erfolgen würde. Die
Schutzvorrichtung ist nun so getroffen, daß durch eine Sperrvorrichtung
auch tatsächlich ein fast augenblickliches Stillsetzen des Webstuhles
erfolgt. Wäre nun der Anker des Antriebsmotors starr mit der Welle
des Webstuhles gekuppelt, dann würde infolge der verhältnismäßig
großen lebendigen Energie des raschlaufenden Ankers eine Zerstörung
der Zahnräder bei dem augenblicklichen Stillsetzen des Webstuhles
erfolgen. Ist aber ein Riemen zwischen Motoranker und Webstuhl-
welle eingeschaltet, so wird im Augenblick des Festbremsens durch ein
Rutschen des Riemens die lebendige Energie des Ankers gefahrlos vernichtet. Diesem Vorteil steht aber wieder der Nachteil entgegen, daß
im normalen Betriebe dann, wenn das Schiffchen durch einen kräftigen
Schlag durch die Kettenfäden geschlagen wird, gleichfalls ein Riemenrutsch eintritt, wodurch dann ein Zeitverlust und eine geringere Produktion des Webstuhles bedingt wird. Um den Nachteil des betriebs-
mäßigen Rutschens zu vermeiden, ist man daher zu einer Lösung
gekommen, bei welcher die Zahnradübertragung beibehalten wird.
Um dabei trotzdem einen Bruch der Zahnräder zu vermeiden, ist
zwischen Motoranker und der Trommelwelle eine Rutschkupplung
eingebaut (vgl. Fig. 72). Die Einstellung dieser Rutschkupplung er-

folgt in der Weise, daß während des Betriebes auch bei stoßweiser Überlastung ein Rutschen unbedingt vermieden wird und dieses nur bei
dem plötzlichen Stillbremsen des Webstuhles erfolgt. Es hat sich dabei
gezeigt, daß bei diesem Antrieb mit den Stühlen etwa 7—10% mehr Ware
in derselben Zeiteinheit hergestellt werden kann als bei Riemenantrieb[1]).

Was nun die Übertragung der evtl. Vibration des Motors auf die
Arbeitsmaschine anbelangt, so kann durch dynamisches genaues Aus-

Fig. 94. Schleifmaschine mit unwirtschaftlichem Einzelantrieb mittels Riemen.

wuchten des Motorankers ein unbedingt vibrationsfreier Lauf des
Motors erzielt werden. Dieses dynamische Auswuchten des Motors
bedingt meist nur einen geringen Mehrpreis.

Oft wird allerdings der Fortfall des Riemens nur durch einen vollständigen Umbau bzw. einen grundsätzlichen Neuaufbau der Arbeitsmaschine nach ganz neuen Gesichtspunkten möglich sein. Ein Beispiel
hierfür zeigt die in Fig. 94 und Fig. 95 wiedergegebene Schleif- bzw.

---

[1]) Vgl. Kuhl, „Elektrischer Einzelantrieb von Webstühlen", Zeitschr. f.
Textilindustrie 1912, Heft 10—12.

Gußputzmaschine. Bei diesen Maschinen, besonders wenn sie in Gießereien aufgestellt werden, ist es mit Rücksicht auf die allgemeine Raumfrage und auch mit Rücksicht darauf, daß oft nur eine sehr beschränkte Zahl dieser Maschinen aufgestellt wird, sehr schwer möglich, eine Transmission zu verwenden. Daher ist bei solchen Maschinen schon immer ein reges Interesse nach einem geeigneten Einzelantrieb vorhanden gewesen. Bei den normalen für Transmissionsantrieb gebauten

Fig. 95. Schleifmaschine mit technisch richtigem Einzelantrieb.

Maschinen mußte man sich meist damit begnügen, den Motor neben der Maschine aufzustellen (vgl. Fig. 94), wodurch sich eine ungünstige Riemenführung und schlechte Raumausnutzung ergab. Durch vollständigen Umbau der Maschine in der Form der Fig. 95 sind diese Mängel alle behoben, und ist ein durchaus wirtschaftlicher Einzelantrieb geschaffen worden.

Naturgemäß wird es nicht überall möglich sein, die Riemen zu vermeiden, besonders bei Umbauten vorhandener Maschinen von Transmissionen in Einzelantrieb. Muß also unbedingt ein Riemen angeordnet

werden, dann ist auf gute Nachspannmöglichkeit Wert zu legen und
dort, wo ein kurzer Riementrieb sich nicht vermeiden läßt, sind Spann-
rollen zu verwenden. Bei großen Riemenabständen wird man nach Möglichkeit einen wagerechten Trieb vorsehen, da dabei die Durchzugsverhältnisse am günstigsten sind, und den Motor zwecks Nachspannung des Riemens auf Gleitschienen setzen. Senkrechte Triebe mit normalen Motoren benötigen besondere Nachspannvorrichtungen, die etwa in der Form, wie sie Fig. 75 zeigt, ausgeführt sein können. Bei kleinen Antrieben ist die Verwendung von Sondermotoren mit Riemenwippe

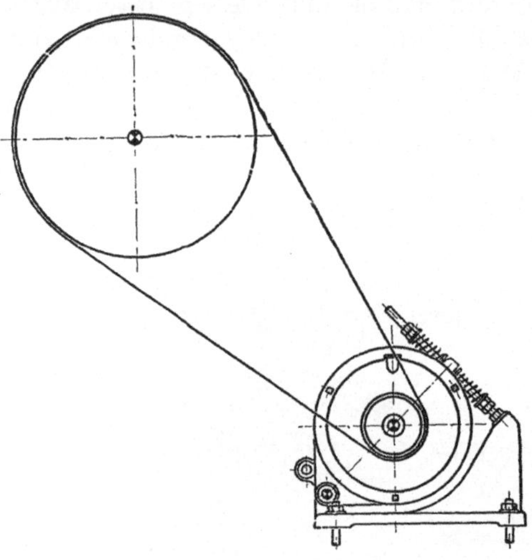

Fig. 96. Sondermotor mit Riemenwippe.

vorteilhaft. Dabei ist die richtige Lage der Motoren bzw. des Dreh-
punktes sehr wichtig (vgl. Fig. 96). Ist ein kurzer Riementrieb mit Spannrolle vorhanden, so kann eine zweckmäßige Anordnung dadurch erreicht werden, daß der Motor mit um 90° gedrehten Füßen unmittelbar an der Rückseite der Arbeitsmaschine angebracht wird (vgl. Fig. 97).

Zum Schluß soll noch der Kettentrieb erwähnt werden. Dieser hat im großen und ganzen nur geringe Anwendung gefunden und zwar vor allem dort, wo der Achsenabstand für Riemen zu klein, für Zahnradübersetzung aber zu groß war. Auch von diesen Antrieben gilt dasselbe, was von den Riemen gesagt worden ist. Auch hier soll das Bestreben dahin gehen, durch einen zweckmäßigen organischen Aufbau der Arbeitsmaschinen diese Zwischenübertragungen zu vermeiden.

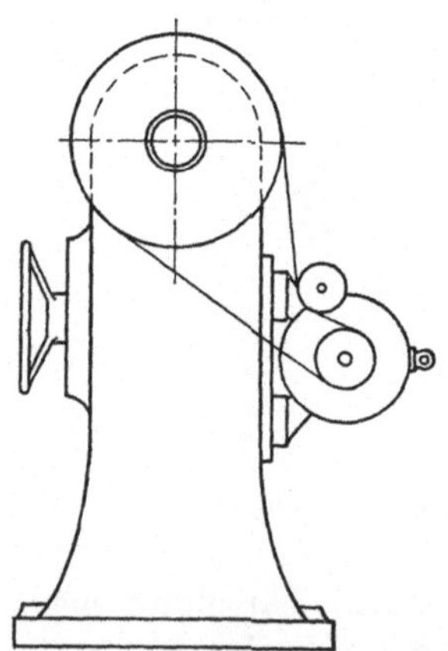

Fig. 97. Einzelantrieb mittels
Riemen und Spannrolle. Der
Motor ist mit um 90° ge-
drehtem Gehäuse unmittel-
bar an der Rückwand der An-
triebsmaschine angebracht.

56. Zahnrad-Antrieb.

Obzwar Zahnradgetriebe im wesentlichen
ein Mittel der Energieübertragung darstellen, dienen sie vielfach noch
als Wechsel- und Umschaltgetriebe. Da naturgemäß jedes Zahnrad-

getriebe auch bei noch so guter Ausführung Übertragungs- und Leerlaufsverluste bedingt, und bei nicht sorgfältiger Wartung und Schmierung zu Betriebsstörungen Veranlassung geben kann, so muß bei der Durchbildung des Einzelantriebes von Arbeitsmaschinen besonders darauf geachtet werden, möglichst wenig Zahnradgetriebe zu erhalten.

Dienen die Getriebe zur Änderung der Drehrichtung und der Geschwindigkeit, so können sie, ebenso wie beim Riemen, mit Vorteil durch einen Regelmotor ersetzt werden. Bei sehr weitem Regelbereich wird man allerdings oft nicht ganz ohne Wechselgetriebe auskommen (vgl. Abschnitt 53). Immerhin werden sich bei richtiger Anwendung des Regelmotors ganz bedeutend günstigere Verhältnisse für den Räderkasten ergeben als bei Verwendung eines nicht regelbaren Motors. Nachstehende Gegenüberstellung gibt einen Vergleich zwischen den Getriebeteilen von ausgeführten Räderkästen bei Verwendung eines

Zusammenstellung der Bestandteile verschiedener Getriebe.

	Reiner Räderantrieb														Regel-motor
Zahl der Geschwindigkeitsstufen	8	8	8	8	8	8	8	8	9	9	10	10	12	12	12
Räder	10	8	12	12	12	12	12	9	10	11	21	15	13	13	4
Wellen	4	2	5	5	4	3	3	4	4	3	3	5	3	5	2
Lager	8	4	10	10	8	6	6	8	8	6	6	10	6	8	4
Steuerung durch: Kupplungen	3	5	2	3	3	—	1	3	—	—	—	—,	2	2	—
Verschiebestangen	—	—	2	—	—	3	1	1	2	2	1	—	—	1	—
exzentrische Lager	—	—	—	—	—	—	—	—	—	—	—	1	—	2	—
Schwingen	—	—	—	—	—	—	—	—	—	—	—	1	1	—	1
Nebenschlußregler	—	—	—	—	—	—	—	—	—	—	—	—	—	—	1

nicht regelbaren Motors und eines regelbaren Motors bei verschiedener Anzahl von Geschwindigkeitsstufen. Es ist ohne weiteres ersichtlich, wie einfach der Räderkasten bei Verwendung eines Regelmotors aufgebaut ist. Vor allem ist es aber wichtig, bei Arbeitsmaschinen, bei denen eine Umkehrung der Drehrichtung in Frage kommt, die Umkehrung nicht in das Getriebe zu legen, sondern in den Motor, da auf diese Weise ein besonders einfacher Aufbau erzielt wird und vor allem auch die Leerlaufsverluste des in den unvermeidlichen Pausen durchlaufenden

Motors und der Getriebeteile vermieden werden. Besonderes Augenmerk muß auf den Zusammenbau des Motors mit der Arbeitsmaschine gerichtet werden. Bei kleineren Antrieben wird für gewöhnlich das Ritzel auf den Wellenstumpf des Motors gesetzt. Es ist dann wichtig, daß der Motor mit der Arbeitsmaschine organisch verbunden ist, um ein dauernd gutes Kämmen der Zahnräder zu erhalten. Bei getrennter Aufstellung von Arbeitsmaschine und Motor, z. B. auf getrennten Fundamentsockeln wird dies auf die Dauer nicht erreicht, da meistens ein ungleiches Sacken der Fundamente eintritt. Motor und Arbeitsma-

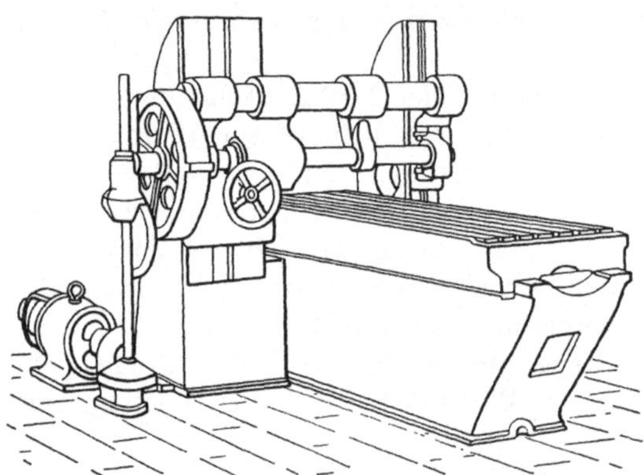

Fig. 98. Fräsmaschine mit unwirtschaftlichem Einzelantrieb.

schine sind daher möglichst auf eine gemeinsame Grundplatte oder gemeinsamen Grundrahmen zu setzen. Bei kleineren Arbeitsmaschinen ist oft eine vollständige Vereinigung zwischen Motorvorgelege und der eigentlichen Arbeitsmaschine möglich. Auch Handbohrmaschinen sind ein Beispiel für einen zweckmäßigen Zusammenbau (vgl. Fig. 73). Wo ein organischer Zusammenbau nicht möglich ist, ist es besser, besonders bei größeren Maschinen, eine getrennte Lagerung des Ritzels vorzunehmen und den Motor mittels einer elastischen Kupplung mit dem Ritzel zu verbinden. Diese Anordnung hat allerdings den Nachteil, daß sie eine Verteuerung der Arbeitsmaschinen und eine Vergrößerung der Schwungmassen be-

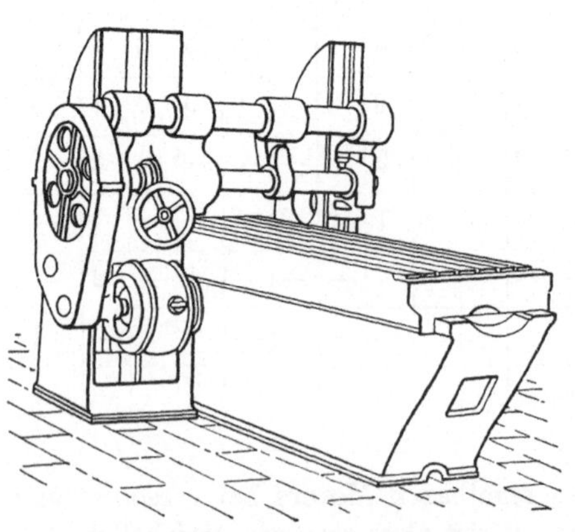

Fig. 99. Fräsmaschine mit technisch richtigem Einzelantrieb.

dingt, da die Kupplungen oft ganz erhebliche Schwungmassen haben. Daher müssen bei Umkehrantrieben, bei denen ein dauerndes Beschleunigen und Verzögern dieser Massen in Frage kommt, nach Möglichkeit Kupplungen vermieden werden. Auch raschlaufende Bremsscheiben erhöhen die zu beschleunigenden und zu verzögernden Massen erheblich, sind also möglichst durch elektrische Motorbremsung zu ersetzen.

Besonderes Augenmerk muß bei der Durchbildung des Einzelantriebes auch auf diejenigen Zahnradgetriebe gerichtet werden, die in der Hauptsache zur Energieübertragung dienen. Es kann sich dabei sowohl um die Antriebsteile handeln, die für die eigentliche Energieübertragung, also beispielsweise für die Energieübertragung zwischen Motor und Bohrspindel, zwischen Motor und Fräser einer Werkzeugmaschine usw. dienen, als auch um Hilfsgetriebe, die z. B. bei Arbeitsmaschinen, insbesondere bei Werkzeugmaschinen für die Vorschubschaltung, also für die Supportverstellung, Querbalkenvertsellung usw. erforderlich sind. Im ersteren Falle wird es in der Hauptsache darauf ankommen, den Motor so anzuordnen, daß möglichst wenig Zwischenübertragungen nötig werden. Ein gutes Beispiel hierfür bietet die Radialbohrmaschine. Diese Maschinen müssen, sobald sie für Transmissionsantrieb gebaut werden, so ausgeführt werden, daß mit Rücksicht auf die Stabilität die Riemenscheiben, sei es nun Stufenscheiben- oder Einscheibenantrieb, am Fuße des Bohrständers angeordnet werden (vgl. Fig. 81 b). Beim Einzelantrieb, bei welchem auf die Vermeidung der Zwischenübertragungen nicht genügend Wert gelegt wird, kann naturgemäß der Regelmotor auch an dieser Stelle angeordnet werden. Bei solchem Einzelantrieb ist die Zahl der Zwischenübertragungen nicht geringer als beim Transmissionsantrieb. Wesentlich günstiger werden die Verhältnisse, wenn der Motor nicht am Fuße des Bohrständers, sondern unmittelbar auf dem Support angebracht wird. In ähnlicher Weise kann auch der Antrieb von Fräsmaschinen vereinfacht werden. Fig. 98 zeigt z. B. das Schema einer Horizontalfräsmaschine, wo gleichfalls der Motor am Fuße der Maschine angeordnet ist. Es sind 2 Kegelradübersetzungen erforderlich. Außerdem macht die Führung der Welle, da der Querbalken verstellbar sein muß, bei den meisten Ausführungen Schwierigkeiten. Viel einfacher wird der Aufbau, wenn der Motor unmittelbar auf den Querbalken aufgesetzt wird (Fig. 99). Besonders vorteilhaft kann der richtig durchgebildete Einzelantrieb auch dann werden, wenn es sich um eine Arbeitsmaschine handelt, bei welcher die zugeführte Energie an mehreren Stellen in mechanische Energie umgesetzt werden muß, z. B. bei einer größeren Fräsmaschine, die mehrere Fräser besitzt, Bei solchen Maschinen sind, wenn der Antrieb nur von einer zentralen Stelle durch einen Motor erfolgt, oft recht ungünstige Räder- und Wellenübertragungen erforderlich. Wie weit sich hierbei die Anordnung vereinfachen läßt, zeigt z. B. die Ausführung einer großen Fräsmaschine[1]), bei welcher 3 Fräser vorhanden sind, die jeder gesondert

---

[1]) Vgl. Weil, „Ein neuartiges Fräswerk und seine elektrische Einrichtung", Zeitschr. d. Ver. d. I. 1919, S. 1141 ff.

durch einen eigenen Motor angetrieben werden (vgl. Fig. 100). Naturgemäß wird durch die Verminderung der Zwischenübertragungen der Wirkungsgrad der Maschine entsprechend verbessert, so daß der Motor für eine kleinere Leistung gewählt werden kann.

Auch bei den Getrieben, die für die Vorschubschaltung, für das Auf- und Abwärtsbewegen von Querbalken und Supporten und sonstigen Hilfsbewegungen, wie z. B. das Verstellen der Walzen bei Blechbiege- und Richtmaschinen dienen, kann durch Verwendung besonderer Hilfsmotoren wesentliche Vereinfachung erzielt werden. Es ist dann

Fig. 100. Beispiel für die Anwendung mehrerer Motoren bei einer Arbeitsmaschine. Der Antrieb erfolgt durch 7 Motoren, je einer für die 3 Fräser, je einer für die 3 Fräservorschübe und einer für den Tischvorschub.

nicht erforderlich, diesen Hilfsantrieb vom Hauptantrieb abzuleiten, sondern es ist dann zweckmäßiger, einen besonderen Hilfsmotor zu verwenden. Wesentlich ist, daß diese Motoren für das im Höchstfalle vorkommende Drehmoment bemessen sein müssen, daß sie aber mit Rücksicht auf ihre meist intermittierende Belastung in ihrer Dauerleistung entsprechend kleiner gewählt werden können. Besonders zweckmäßig sind hierbei Hauptstrommotoren, weil sie unter Verringerung der Drehzahl sehr gut durchziehen. Einen solchen Motor besitzt z. B. die auf Fig. 81 a wiedergegebene Bohrmaschine zum Heben und Senken des Auslegers.

57. Unmittelbare Kupplung zwischen Arbeitsmaschine und Motor.

Das Wesentliche der unmittelbaren Kupplung besteht darin, daß zwischen dem Motor und der eigentlichen Arbeitsmaschine keine Zwischenübertragungen, sei es in Form von Riemen, Zahnrädern Friktionsscheiben usw. angeordnet sind. Daher wird die unmittelbare Kupplung nur bei bestimmten Arbeitsmaschinen möglich sein und zwar in der Hauptsache bei solchen, bei denen sich die gesamte Bewegung nur auf wenige Teile beschränkt, so z. B. bei Schleifmaschinen, wo hauptsächlich nur die Schleifscheibe anzutreiben ist (vgl. Fig. 94 und 95), Ventilatoren, Pum-pen, Fördermaschi-nen, Kompressoren usw. Im wesent-lichen ist hierbei zu unterscheiden zwi-schen der elasti-schen und der star-ren Kupplung. Elas-tische Kupplungen werden entweder dort verwendet, wo von vornherein

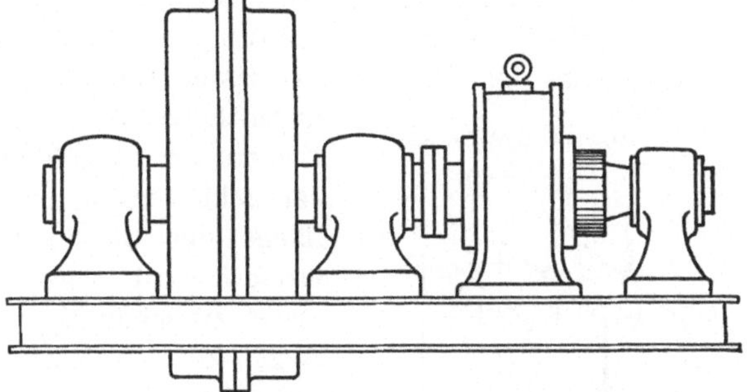

Fig. 101.   Zusammenbau einer Treibscheiben-Fördermaschine mit dem Motor.

nicht genügend Rücksicht auf den gemeinsamen Zusammenbau zwischen Arbeitsmaschine und Motor genommen worden ist, oder dort, wo eine starre Kupplung nicht möglich ist oder auch keine wesentlichen Vorteile bietet. So zeigt Fig. 80 b eine elastische Kupplung zwischen Motor und Arbeitsmaschine die, verglichen mit der anderen Ausführung, den mangelhaften organischen Zusammenbau erkennen läßt, der bei solchen Antrieben als unzweckmäßig zu vermeiden ist. Die elastische Kupp-lung hat den Vorteil, daß Arbeitsmaschine und Motor keine gemein-same Grundplatte zu haben brauchen, andererseits wird aber die Baulänge meist größer. Da aber besonders bei größeren Maschinen sowohl Arbeitsmaschine als auch Motor sowieso eine Grundplatte erhalten müssen, so ist eine starre Kupplung unbedingt vorzuziehen, wobei auf Verkürzung der Baulänge durch möglichst organischen Zusammenbau besonders zu achten ist. Hierbei kann der Motor je nach Bedarf mit oder ohne Welle und Lager geliefert werden. So zeigt z. B. Fig. 101 das Schema des Antriebes einer Treib-scheiben-Fördermaschine durch Motor mit Flanschwelle auf gemeinsamer Grundplatte und Dreilagerausführung. Sind wegen der Größe zwei Motoren erwünscht, dann ist an jeder Seite, wenn es der Aufbau der Arbeitsmaschine zuläßt, je ein Motor anzubringen. Bei kleineren Arbeitsmaschinen kann der Motor auch ohne Außenlager, also mit fliegend aufgebautem Anker, angeordnet werden, wodurch die Baulänge verkürzt werden kann. Umgekehrt kann auch der Motor der Hauptträger der Arbeitsmaschine werden, wie dies bei der Schleifmaschine Fig. 95 der Fall ist.

C. Allgemeine Grundlagen für die Projektierung.

58. Apparate und Leitungen.

Bei der technisch richtigen Durchbildung eines elektromotorischen Antriebes muß auch auf die Auswahl und die Unterbringung der Apparate sowie die Verlegung der Leitung geachtet werden. Von den Anlaßapparaten ist der Flüssigkeitsanlasser am einfachsten. Er besteht im wesentlichen aus einem Behälter, in welchem Elektroden allmählich beim Anlassen eingetaucht werden. Indem die benetzte Oberfläche der Bleche beim Eintauchen vergrößert wird, verkleinert sich der Widerstand zwischen den Elektroden. Fig. 102 zeigt das Schema eines Flüssigkeitsanlassers für Drehstrom. Bei großen Flüßigkeitsanlassern ist auch eine Anordnung gebräuchlich, bei der die Elektroden feststehen und der Flüssigkeitsspiegel beim Anlassen gehoben wird. Durch die richtige Einstellung des Wasserzuflusses kann die Anlaßzeit so bemessen werden, daß große Stromstöße oder Überlastungen des Motors bei Anlauf vermieden werden.

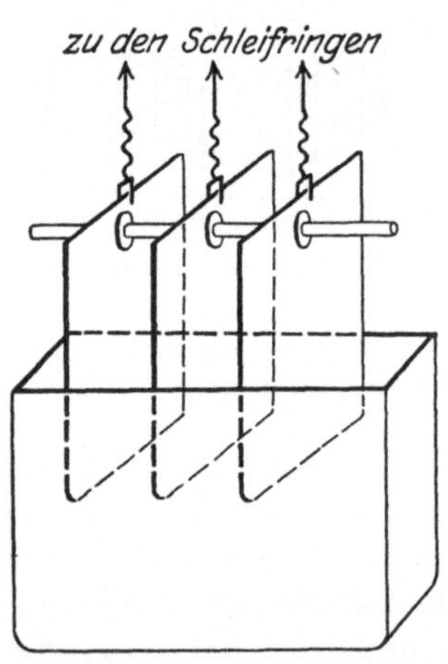

Fig. 102.   Flüssigkeitsanlasser.

Bei Flachbahnanlassern liegen die einzelnen Kontakte in einer Ebene. Sie eignen sich am besten für kleinere Stromstärken und seltenes Schalten. Zufolge ihres Aufbaues werden sie selbst bei größerer Kontaktzahl verhältnismäßig billig und handlich. Die Widerstände werden meist gleich mit dem Apparat zusammengebaut. Die Kühlung kann durch Luft oder durch Öl erfolgen. Ölanlasser sind in den Abmessungen kleiner. Bei größeren Stromstärken und stärkerer Beanspruchung sind Schaltwalzen, auch Kontroller genannt, unbedingt vorzuziehen. Hierbei werden, besonders bei größeren Leistungen, die Widerstände getrennt, aber möglichst in der Nähe des Anlassers angeordnet. Ist in einem Betriebe die Gefahr vorhanden, daß die Spannung öfter ausbleiben kann, so ist es zweckmäßig, einen Anlaßapparat zu wählen, bei welchem die Kurbel oder das Handrad beim Ausbleiben

der Spannung selbsttätig in die Nullstellung zurückgeht. Kommt
bei Gleichstrommotoren außer dem Anlassen noch eine Drehzahlregelung im Nebenschlußkreis in Frage, so kann neben dem eigentlichen Anlasser noch ein Nebenschlußregler vorgesehen werden. Diese
getrennte Anordnung hat den Nachteil, daß bei der Schaltung 2 Hebel
in der richtigen Reihenfolge bedient werden müssen, insofern als beim
Anlassen zuerst der Anlasser von Null bis zum Endkontakt gedreht

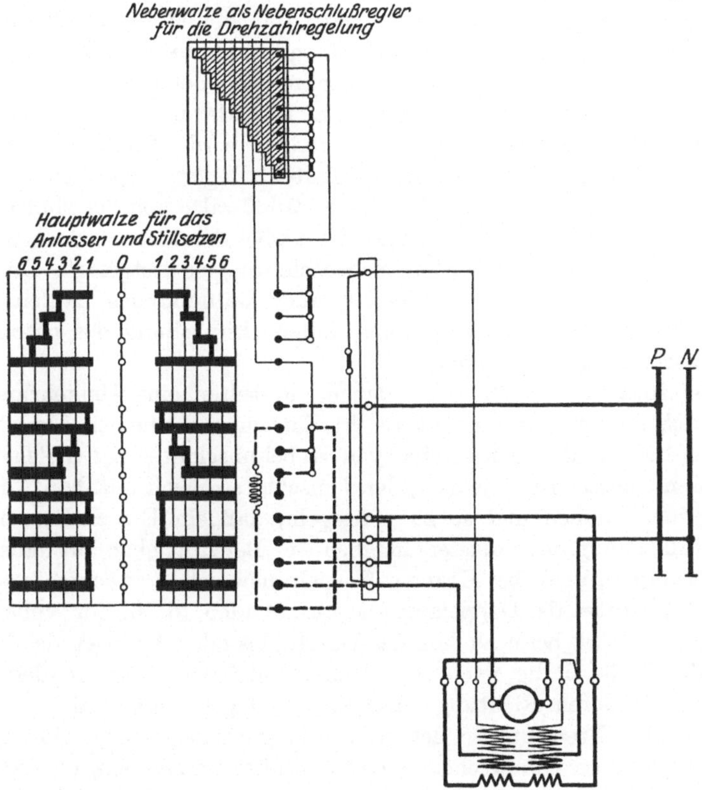

Fig. 103. Schaltbild einer Steuerung mit einer Hauptwalze für Anlassen und
Stillsetzen und getrennter Nebenwalze für die Drehzahleinstellung.

wird, worauf dann die weitere Drehzahlregelung durch Betätigung
des Nebenschlußreglers erfolgt. Beim Stillsetzen muß in umgekehrter
Reihenfolge erst der Nebenschlußregler zurückgedreht werden, worauf
dann erst der Anlasser in die Nullstellung zurückzuführen ist. Handelt
es sich um Antriebe, bei welchen eine häufige Betätigung der Anlaßapparate erforderlich wird, so ist es zweckmäßiger, den Anlasser und
Regler so zusammenzubauen, daß die Betätigung nur durch einen

Hebel erfolgen kann. Bei der Betätigung muß der Arbeiter dann naturgemäß genau darauf achten, daß der Hebel oder das Handrad nur so weit gedreht wird, als es der jeweils gewünschten Geschwindigkeit entspricht. Diese Einschränkung ist ohne weiteres zulässig bei allen Antrieben, wo ein Mann dauernd für die Bedienung der Steuerung vorhanden ist, z. B. bei Kranen, Spills, Drehscheiben, Haspeln usw. Handelt es sich aber um Arbeitsmaschinen, bei denen es auf die Beobachtung des Arbeitsprozesses ankommt, z. B. bei Werkzeugmaschinen, bei welchen Wert darauf gelegt wird, daß der Motor bei Betätigung des Hebels möglichst sofort auf die gewünschte einmal eingestellte Drehzahl anläuft, dann ist es zweckmäßig, noch einen getrennten Nebenschlußregler anzuordnen (vgl. Fig. 103), der mit den Nebenschlußkontakten des Anlassers parallel geschaltet wird. Die Drehzahl kann dann eindeutig durch diesen getrennten Regler eingestellt werden, so daß der Arbeiter nur den Hebel der Anlaßwalze von der Nullstellung in die Endstellung zu drehen braucht, wobei der Motor jedoch nur bis auf die durch den getrennten Nebenschlußregler festgelegte Drehzahl anläuft. Hierbei ist aber jederzeit, auch während des Laufens, eine Änderung der Drehzahl durch eine andere Einstellung des getrennten Nebenschlußreglers möglich.

Bei solchen Antrieben, bei denen nur selten eine Umkehrung der Drehrichtung erfolgt, genügt es, hierfür einen einfachen Umschalter vorzusehen, z. B. einen zweipoligen Hebelumschalter bei Gleichstrommotoren. Besser ist es jedoch, den Umschalter gleich mit dem Anlasser zusammenzubauen und so zu verriegeln, daß ein Umschalten nur in der Nullstellung des Anlassers möglich ist. Bei Antrieben mit dauernder Umsteuerung, z. B. bei Kranen, Haspeln usw. ist es zweckmäßiger, die Steuerapparate als Doppelanlasser auszubilden, d. h. für volle Umkehrung, so daß beim Drehen des Handrades oder Auslegen des Hebels aus der Nullstellung nach rechts oder links der Motor in der einen oder der anderen Richtung angelassen und gesteuert wird.

Wo eine Bremsung in der Nullstellung verlangt wird, sind in den Anlaßapparaten entsprechende Hilfskontakte vorzusehen, ebenso dort, wo eine elektromagnetische Bremse, die z. B. bei Drehstromantrieben erforderlich ist, in der Nullstellung zum Einfallen gebracht werden soll. Bei Arbeitsmaschinen, die mehrere Antriebsmotoren besitzen, ist eine Schaltung von Vorteil, bei welcher eine gegenseitige Verriegelung der Motoren erfolgt, z. B. ist es zweckmäßig, bei Fräsmaschinen, bei welchen der Fräser und der Tischvorschub je durch einen besonderen Motor angetrieben werden, eine gegenseitige Abhängigkeit in der Weise zu schaffen, daß der Tischvorschub nur dann in Betrieb gesetzt werden kann und läuft, wenn gleichzeitig der Fräser arbeitet, da im anderen Falle eine Beschädigung des Fräsers erfolgen könnte.

Außer der richtigen Auswahl ist auch die zweckmäßige Anordnung der Anlaßapparate und der Verbindungsleitungen von Wichtigkeit. In erster Linie muß man anstreben, die Anlaßapparate in der Nähe des Motors aufzustellen, um möglichst kurze Verbindungsleitungen zu erreichen. Bei normalen Motoren, besonders wenn sie z. B. für Transmissionsantriebe oder für sonst durchlaufende Arbeitsmaschinen verwendet werden, ist die am Motor angebaute Anlaßwalze sehr zu empfehlen. Fig. 104 zeigt eine solche Anordnung, wobei durch ein einziges Handrad

Fig. 104. Drehstrommotor mit angebautem Anlasser.

sowohl der Hauptschalter als auch der Anlasser und nach erfolgtem Anlassen die Bürstenabhebe- und Kurzschlußvorrichtung betätigt wird. Meist kann die angebaute Anlaßwalze noch mit einem Meß-

Fig. 105. Treibscheiben-Fördermaschine.

instrument versehen werden. Besonders bei polumschaltbaren Motoren ist der Anbau der Umschaltwalze am Motor sehr zweckmäßig wegen der vielen Verbindungsleitungen zwischen der Statorwicklung und der Umschaltwalze. Bei den Antrieben, bei denen eine häufige Betätigung der Anlaßapparate erforderlich ist, muß auf eine geeignete

Unterbringung derselben bzw. eine leichte Bedienbarkeit weitgehendst Rücksicht genommen werden. Fig. 105 zeigt den Führerstand einer

Fig. 106. Hobelmaschine mit nachträglich angebrachten Apparaten und Leitungen.

Fördermaschine, wo die Hebel für den Steuerapparat, die Bremse und die Notausschaltung in geeigneter Form an einem Steuerbock vereinigt sind. Bei Arbeitsmaschinen, bei welchen sich der Standort des Arbeiters ändert, jedoch die Anordnung so getroffen werden muß, daß von jedem Standort aus eine Betätigung der Anlaßapparate möglich sein muß, ist meist eine besondere Gestängeführung am zweckmäßigsten.

Fig. 107. Hobelmaschine mit zweckmäßig angeordneten Apparaten und Leitungen.

So kann zum Beispiel bei einer Drehbank mit langem Bett, bei welcher von einem oder mehreren Supporten aus die Bedienung der Anlaßapparate erforderlich ist, der Anlasser möglichst in der Nähe des Motors untergebracht werden, wobei dann durch geeignete mechanische

Übertragungen die Bedienung durch besondere am Support angebrachte Handräder möglich ist. Bei Arbeitsmaschinen, wo ein Gestänge infolge der Eigenart der Maschine nicht möglich oder zu umständlich würde, kann mit großem Vorteil die Druckknopfsteuerung[1]) verwandt werden, z. B. bei Papiermaschinen, Druckmaschinen, Aufzügen, großen Werkzeugmaschinen usw. Die einfachste Druckknopfsteuerung besteht in der Anordnung von Haltedruckknöpfen, durch deren Betätigung die gesamte Arbeitsmaschine sofort stillgesetzt wird. Durch die Verwendung von Selbstanlassern kann aber auch das Anlassen durch Betätigen von Druckknöpfen erfolgen und, falls es sich um Umkehrantriebe handelt, auch das Umsteuern. Bei einem solchen Antrieb würden dann drei Druckknöpfe mit der Bezeichnung

Rechtslauf,

Linkslauf,

Halt

angeordnet. Fig. 100 zeigt eine solche Druckknopftafel an den Supporten. Der Arbeiter kann beim Einrichten, ohne seinen Standort zu verlassen, durch Betätigung dieser Druckknöpfe eine Schnellverstellung des Supportes vornehmen.

Bei Antrieben mit elektrischer Drehzahlregelung kann die Druckknopfsteuerung auch hierfür ausgeführt werden.

Bei dem Entwurf des Einzelantriebes einer Arbeitsmaschine muß auch rechtzeitig an die Unterbringung der Leitungen gedacht werden. Bei größeren Maschinen, bei denen die Durcharbeitung meist in einer Hand liegt, wird für gewöhnlich schon beim Entwurf darauf Rücksicht genommen. Die großen Raumabmessungen, besonders dann, wenn unterkellerter Raum zur Verfügung steht, ermöglichen oft eine technisch richtige Verlegung der Leitungen. So sind die gesamten Verbindungsleitungen der Fördermaschine Fig. 105 unter Flur verlegt. Schwieriger ist die richtige Verlegung bei kleinen Maschinen besonders dann, wenn vom Käufer die Arbeitsmaschine und der Motor getrennt bestellt werden. In solchen Fällen wird die Frage der Verlegung der Leitungen oft erst dann akut, wenn Arbeitsmaschine und Motor am Aufstellungsort angeliefert sind. Ist dann kein geschickter Monteur vorhanden, und wird auch sonst nicht auf die Leitung große Rücksicht genommen, dann ergeben sich Ausführungen, die nicht nur unschön aussehen, sondern sehr leicht zu Betriebsstörungen führen können, insofern als die Leitungen nicht genügend geschützt verlegt werden, so daß Beschädigungen und dementsprechend Kurzschlüsse möglich sind. Es muß daher schon bei dem Entwurf auf die Verlegung der Leitungen und die Unterbringung der Apparate weitgehendst Rücksicht genommen

---

[1]) „Druckknopfsteuerung von Werkzeugmaschinen", Dinglers polytechn. Journal 1920, Heft 13.

werden. Oft wird dies ohne wesentliche Mehrkosten möglich sein. Als
Beispiel sei auf die Unterbringung der Apparate und die Verlegung
der Leitungen bei einer Hobelmaschine hingewiesen. Fig. 106 zeigt
eine Ausführung, bei welcher die zugehörigen Apparate nachträglich
angebaut worden sind, im Gegensatz zu der Ausführung nach Fig. 107,
bei welcher bereits beim Entwurf auf die technisch richtige Unterbringung Rücksicht genommen wurde. Bei der Fig. 106 sind die Leitungen außen an der Maschine angebracht, wohingegen bei der
Ausführung nach Fig. 107 alle Leitungen innerhalb des Ständers verlegt worden sind. Wichtig ist es, die Leitungen so zu verlegen, daß
nach Aufstellung der Maschine die Hauptzuleitung nur an einem Klemm-
brett angeschlossen zu werden braucht, so daß leicht eine Änderung
des Aufstellungsortes der Maschine ohne Demontage der Leitungen
möglich wird.

59. Stromart und Spannung.

Für die elektrische Energieübertragung kommt bei dem heutigen
Stand der Elektrotechnik für größere Leistungen auf weitere Entfernung
lediglich der Drehstrom in Frage. Diese Tatsache, verbunden mit den
Vorzügen des asynchronen Drehstrommotors in bezug auf Wartung,
Anlagekosten und Wirkungsgrad, führt zu einer immer weiteren Verbreitung des Drehstromes und zu dem Bestreben, auch für den Einzelantrieb diese Stromart möglichst zu verwenden.

Bei Antrieben, bei denen infolge der Betriebsverhältnisse der Arbeitsmaschine eine Drehzahlregelung nicht in Frage kommt, ist die Anwendung
des Drehstromes dann ohne weiteres zulässig und wirtschaftlich. In
solchen Fällen wird man versuchen, größere Motoren unmittelbar
an Hochspannung anzuschließen. Für kleinere Antriebe hingegen
ist Niederspannung bis zu 380 Volt zu wählen.

Neben diesen Antrieben ohne Drehzahlregelung gibt es aber eine
sehr große Zahl, bei denen in irgendeiner Form eine Drehzahlregelung
Umkehrung und Steuerung verlangt wird. Da zeigt sich dann der Übelstand, daß sich der asynchrone Drehstrommotor infolge seiner Eigenart
für solche Anforderung nicht in dem Maße eignet wie der Gleichstrommotor. Diese Tatsache hat leider zur Folge, daß die Vorzüge, die der
elektrische Einzelantrieb besonders bei Verwendung des Gleichstrom-
regelmotors bietet, nicht ausgenutzt werden, indem auch für solche
Arbeitsmaschinen der normale Drehstrom-Asynchronmotor zum Nachteil der Wirtschaftlichkeit Anwendung findet. Daher ist es besonders
bei vorhandenen Drehstromanlagen wesentlich, in weitgehendstem
Maße auf die richtige Auswahl des Motors zu achten. Bei Antrieben
von großer Leistung, bei denen eine nicht zu große Drehzahlregelung
verlangt wird, kann der asynchrone Drehstrommotor in Verbindung

mit Regelsätzen verwendet werden. Bei Antrieben mit größerem Regelbereich und dauernder Umsteuerung, wie z. B. Hauptschacht-Fördermaschinen, Walzenstraßen usw., ist die Leonardschaltung anzuwenden,

Fig. 108. Türe der Hobelmaschine geöffnet.

wobei die Steuerdynamo durch den asynchronen Drehstrommotor angetrieben werden kann. Bei kleineren Regelantrieben wird man versuchen, sobald es sich nicht um große Regelbereiche handelt, und eine Eindeutigkeit der Steuerung unabhängig von der Belastung nicht verlangt wird, mit dem asynchronen Drehstrommotor mit Widerstandsregelung durchzukommen. Dort, wo die Wirtschaftlichkeit eine größere Rolle spielt, ist der Repulsionsmotor vorteilhafter. Eine Anwendung des Drehstrom-Nebenschlußmotors wird wegen der hohen Anschaffungskosten nur selten wirtschaftlich sein. Wo jedoch eine Eindeutigkeit der Steuerung unabhängig von der Belastung verlangt wird und ein größerer Regelbereich in Frage kommt, ist unbedingt der Gleichstrom-Nebenschlußmotor mit Regelung im Felde das gegebene. Steht dabei Drehstrom von einer Überlandzentrale zur Verfügung, oder wird er in eigener Zentrale erzeugt, dann müssen besondere Drehstrom-Gleichstromumformer aufgestellt werden. Dadurch wird zwar der Wirkungsgrad der reinen elektrischen Energieübertragung um mehrere Prozent verschlechtert. Dies spielt aber nur eine untergeordnete Rolle, da bei Anwendung eines regelbaren Gleichstrommotors die Wirtschaftlichkeit der Arbeitsmaschine durch einen vereinfachten und zweckmäßigen Anbau des Antriebsmotors erheblicher gesteigert werden kann, als die zusätzlichen Verluste im Umformer betragen. Dabei ist zu berücksichtigen, daß die Wirtschaftlichkeit noch in anderer Beziehung bei Verwendung des Gleichstrommotors erhöht wird, so z. B. in bezug auf die Produktionssteigerungen, Verkürzung der Arbeitszeit, Anpassung an die wirtschaftliche Geschwindigkeit usw.

Bei der Wahl der Spannung muß man versuchen, mit Rücksicht auf möglichst geringen Leiterquerschnitt, mit dieser möglichst hoch hinaufzugehen. Nun lassen sich aber kleinere Motoren bei Drehstrom nur für Niederspannung bauen. Man wählt daher für kleinere Antriebe als Verteilungsspannung möglichst die höchste Grenze der Niederspannung, nämlich 380 Volt; bei größeren Motoren ist naturgemäß eine höhere Spannung zulässig. Als oberste Grenze dürfte etwa für die Verteilung, wenn es sich nicht um ganz große Anlagen handelt, etwa 5000 Volt in Frage kommen.

In der Auswahl der Gleichstromspannung ist man wesentlich beschränkt. Am zweckmäßigsten ist bei kleineren Anlagen 220 Volt, bei größeren Anlagen 440 Volt bzw. 2 × 220 Volt. Bei diesen Dreileiteranlagen können dann die kleineren Motoren an 220 Volt, die größeren an 440 Volt angeschlossen werden.

60. Wirtschaftlichkeit.

Oft ist es erwünscht, sich über die Wirtschaftlichkeit eines Antriebes noch vor der Ausführung oder Bestellung ein Bild zu machen. Auf die Wirtschaftlichkeit sind die direkten und indirekten Betriebskosten von Einfluß. Die direkten Betriebskosten sind durch die Kosten für die benötigte Energie, für das Bedienungspersonal sowie für Putz- und Schmiermaterial im wesentlichen bestimmt, die indirekten durch

Verzinsung und Amortisation der Anlagekosten. Einen richtigen wirtschaftlichen Antrieb wird man nur dann erhalten, wenn schon bei dessen Durchbildung auf alle diese Faktoren weitgehendst Rücksicht genommen wird. Die direkten Betriebskosten sind wesentlich von dem Wirkungsgrad der Maschine abhängig. Unter der Annahme einer sonst gleichen Durchbildung der Arbeitsmaschine wird der Gesamtwirkungsgrad davon abhängen, ob der richtige Motor in bezug auf Drehzahl und Leistung gewählt worden ist, und ob der Zusammenbau vor allem so erfolgte, daß die Zahl der Getriebe und der Zwischenübertragungen auf das Mindestmaß beschränkt worden ist. Besonders ist auch bei der Ausführung darauf zu achten, daß Leerlaufsverluste in den Arbeitsmaschinen vermieden werden, und daß sich die Geschwindigkeit weitgehendst der verlangten wirtschaftlichsten Arbeitsgeschwindigkeit anpassen läßt, und daß die Einstellung,

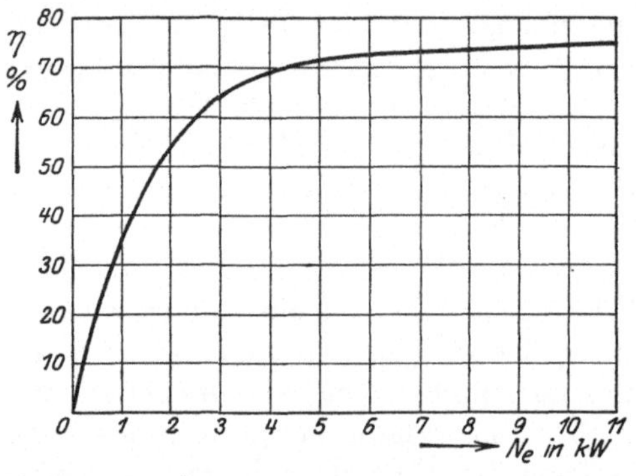

Fig. 109. Wirkungsgrade einer Drehbank einschließlich der Verluste im Motor in Abhängigkeit von der Belastung.

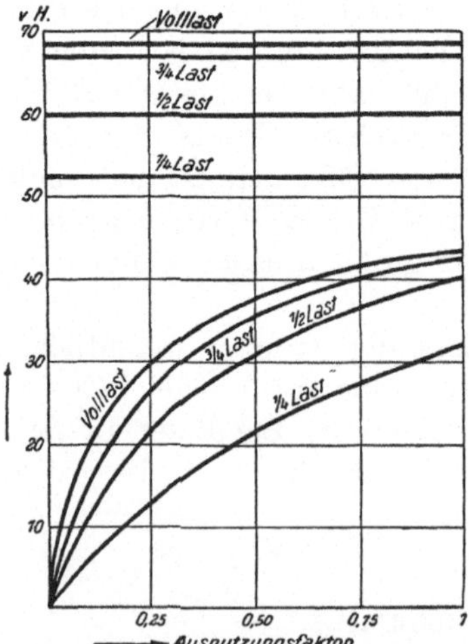

Fig. 110. Vergleich der Wirkungsgrade zweier Radialbohrmaschinen in Ausführung nach Fig. 81.

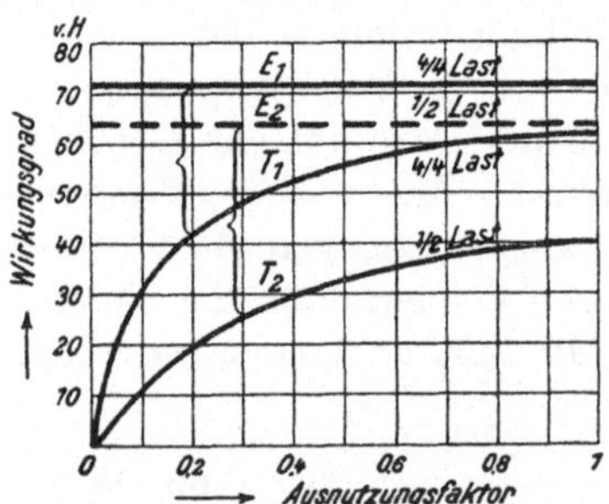

Fig. 111. Vergleich der Wirkungsgrade zweier Drehbänke mit Einzelantrieb (E) und Transmissionsantrieb (T).

Umsteuerung und sonstige Bedienung der Maschine bei kürzesten Griffzeiten möglich ist. Handelt es sich um Arbeitsmaschinen, bei denen die Leistung rechnerisch ermittelt werden kann, z. B. bei Fördermaschinen, Wasserhaltungen usw., so kann der Gesamtwirkungsgrad mehr oder weniger genau bestimmt werden. Bei Arbeitsmaschinen, die ein Produkt liefern, z. B. bei Spinnmaschinen, Webstühlen, Papiermaschinen ist eine solche Umrechnung nicht möglich. Es kann sich dann die Berechnung nur auf die ungefähre Bestimmung des Energiebedarfs je hergestellten Einheitswert beziehen. Wichtig ist es aber, eine dauernde Kontrolle des Wirkungsgrades bereits ausgeführter und in Betrieb befindlicher Anlagen vorzunehmen. Diese Kontrolle kann entweder in unmittelbarer Bestimmung des Gesamtwirkungsgrades durch Messen der zugeführten Energie und der geleisteten Arbeit bestehen, oder sie kann sich unter Umständen nur auf die Bestimmung der Leerlaufsverluste beschränken. Auch in solchen Fällen werden die Messungen als Anhaltspunkt für die Ermittlung des Gesamtwirkungsgrades dienen können. Eine große Rolle spielt die Frage nach dem zweckmäßigsten

Wirkungsgradmessungen an Transmissionen.

Transmission Nr.	Länge der Transmission (m)	Anzahl der angeschlossenen Werkzeugmaschinen	Anzahl der arbeitenden Werkzeugmaschinen	Energiebedarf								Nutzbare Arbeit	Gesamtwirkungsgrade bei Berücksichtigung	
				Motor allein		Transmission mit Motor		Maschinen leer mit Transmission und Motor		Maschinen in Arbeit			nur der Leerlaufverluste	der zusätzlichen Belastungsverluste (20 vH der nutzbaren Arbeit)
				KW	vH	KW	vH	KW	vH	KW	vH	KW	vH	vH
1	30	34	13	0,6	6	4,4	44	7,7	77,0	10,0	100	2,3	33,0	18,4
2	15	9	3	0,6	9	2,0	30	4,4	66,2	6,65	,,	2,25	33,8	27,0
3	15	17	7	0,67	6	2,2	19,8	8,4	75,6	11,1	,,	2.7	24,4	19,5
4	15	18	12	0,58	4,5	1,99	15,4	10,7	83,0	12,9	,,	2,2	17,0	13,6
5	15	19	10	0,55	4,9	2,2	19,8	10,0	90,0	11,1	,,	1,1	10,0	7,9
6	28	25	14	0,72	2,6	4,62	17,0	10,23	37,7	27,2	,,	16,97	62,3	49,6
7	37	19	8	0,55	6,9	2,64	33,3	4,4	55,5	7,92	,,	3,52	44,5	35,6
8	23	23	10	0,55	5,9	3,96	42,8	7,92	85,7	9,24	,,	1,32	14,3	11,3
9	36	16	4	0,55	6,9	3,74	47,25	6,60	83,4	7,92	,,	1,32	16,6	13,3
10	15	13	10	0,66	13,6	2,0	41,2	3,96	81,7	4,84	,,	0,88	18,3	14,5
Im Mittel					6,63		31,0		73,5				26,4	21,07

Antrieb kleinerer Arbeitsmaschinen, also die Entscheidung ob Gruppen-
oder Einzelantrieb zu wählen ist. Bei einem entsprechenden Vergleich ist der mechanische Wirkungsgrad allein nicht maßgebend. Es
müssen vielmehr die gesamten Vorteile des Einzelantriebes, wie sie auf
S. 80 aufgezählt sind, mit den Vorteilen des Transmissionsantriebes
verglichen werden. Aber selbst bei einem Vergleich, der sich auf den
rein mechanischen Wirkungsgrad erstreckt, werden sich immer, allerdings nur für den technisch richtig durchgebildeten Einzelantrieb,
bessere Werte ergeben als für den Gruppenantrieb.

Die Tabelle auf S. 119 gibt die gemessenen Wirkungsgrade an verschiedenen Gruppenantrieben wieder. Die Ermittlung erfolgt in der
Weise, daß die Leerlaufsverluste von Motor, Transmission und Arbeitsmaschinen zuerst gemessen wurden. Diese Werte von der gesamten Aufnahme während des Arbeitens in Abzug gebracht, gibt angenähert die
mechanische Nutzleistung. Diese so errechneten Werte sind aber noch
zu hoch, da die zusätzlichen Übertragungsverluste nicht berücksichtigt
werden. Bei Annahme von 20% zusätzlichen Verlusten ergeben sich
dann die Wirkungsgrade der letzten Spalte. Diese Werte zeigen, daß
auch hier die Wirkungsgrade erheblichen Schwankungen unterworfen
sind, daß also auch hier von Fall zu Fall eine genaue Prüfung der Verhältnisse unbedingt erforderlich ist. Demgegenüber zeigt die Fig. 109
den Wirkungsgrad einer Drehbank mit Einzelantrieb in Abhängigkeit
von der Belastung. Die Werte wurden durch Bremsversuche genau
ermittelt. Der Verlauf der Kurve ergibt selbst bei geringer Teilbelastung
noch hohe Werte. Fig. 110 zeigt den Vergleich der Wirkungsgrade bei
verschiedener Belastung und verschiedener Ausnutzung einer Radialbohrmaschine in den beiden Ausführungen nach Fig. 81. Dabei ist die
weitgehendste Überlegenheit des technisch richtig durchgebildeten
Einzelantriebes besonders bei geringem Ausnutzungsfaktor zu erkennen. Ebenso zeigt Fig. 111 den Vergleich der Wirkungsgrade einer
Drehbank mit technisch richtigem Einzelantrieb und mit Transmissionsantrieb[1]). Alle diese Vergleiche zeigen, daß bei gleichen Arbeitsmaschinen
je nach der technischen Durchbildung des Antriebes ganz verschiedene
Werte vorkommen können und daß daher alle für die Durchbildung
eines elektromotorischen Antriebes in Frage kommenden Faktoren
genau geprüft und bei dem Entwurf weitgehendst berücksichtigt werden
müssen, unter voller Ausnutzung der durch die richtige Anwendung des
Elektromotors erreichbaren Vorteile.

---

[1]) Vgl. „Wirkungsgrad und Brennstoffverbrauch von Fabrikanlagen", Zeitschr.
„Die Werkstattstechnik" 1921, S. 565 ff.

Elektromotoren. Ein Leitfaden zum Gebrauch für Studierende, Betriebsleiter und Elektromonteure. Von Dr.-Ing. **Johann Grabscheid.** Mit 72 Textabbildungen. 1921. Preis M. 15.—

Die Elektrotechnik und die elektromotorischen Antriebe. Ein elementares Lehrbuch für technische Mittelschulen und zum Selbstunterricht. Von Dipl.-Ing. **Wilhelm Lehmann.** Mit 520 Textabbildungen. 1922. Gebunden Preis M. 96.—

Kurzer Leitfaden der Elektrotechnik für Unterricht und Praxis in allgemeinverständlicher Darstellung. Von Ingenieur **Rud. Krause.** Vierte, verbesserte Auflage, herausgegeben von Prof. **H. Vieweger.** Mit 375 Textfiguren. 1920. Gebunden Preis M. 20.—

Aufgaben und Lösungen aus der Gleich- und Wechselstromtechnik. Ein Übungsbuch für den Unterricht an technischen Hoch- und Fachschulen, sowie zum Selbststudium. Von Prof. **H. Vieweger.** Sechste, vermehrte Auflage. Mit 210 Textfiguren und 2 Tafeln. 1921. Gebunden Preis M. 36.—

Kurzes Lehrbuch der Elektrotechnik. Von Dr. **Adolf Thomälen,** a. o. Professor an der Technischen Hochschule Karlsruhe. Neunte, verbesserte Auflage. Mit 555 Textbildern. 1922. Gebunden Preis M. 80.—

Die wissenschaftlichen Grundlagen der Elektrotechnik. Von Prof. Dr. **Gustav Benischke.** Fünfte, vermehrte Auflage. Mit 602 Abbildungen im Text. 1920. Preis M. 66.—; gebunden M. 76.—

Hilfsbuch für die Elektrotechnik. Unter Mitwirkung namhafter Fachgenossen bearbeitet und herausgegeben von Dr. **K. Strecker** (Berlin). Neunte, umgearbeitete Auflage. Mit 552 Textabbildungen. 1921. Gebunden Preis M. 70.—

Elektrische Starkstromanlagen. Maschinen, Apparate, Schaltungen, Betrieb. Kurzgefaßtes Hilfsbuch für Ingenieure und Techniker sowie zum Gebrauch an technischen Lehranstalten. Von Studienrat Dipl.-Ing. **Emil Kosack** in Magdeburg. Fünfte, durchgesehene Auflage. Mit 294 Textfiguren. 1921. Gebunden Preis M. 32.—

Schaltungen von Gleich- und Wechselstromanlagen. Dynamomaschinen, Motoren und Transformatoren, Lichtanlagen, Kraftwerke und Umformerstationen. Ein Lehr- und Hilfsbuch von Dipl.-Ing. **Emil Kosack,** Studienrat an den Staatl. Vereinigten Maschinenbauschulen zu Magdeburg. Mit 226 Textabbildungen. Erscheint im Frühjahr 1922.

Hierzu Teuerungszuschläge

Arnold - la Cour, Die Gleichstrommaschine. Ihre Theorie, Untersuchung, Konstruktion, Berechnung und Arbeitsweise. Dritte, vollständig umgearbeitete Auflage. Herausgegeben von **J. L. la Cour.** In 2 Bänden.
I. Band: **Theorie und Untersuchung.** Mit 570 Textabbildungen. Unveränderter Neudruck. 1921.　　　　Gebunden Preis M. 120.—
II. Band: **Konstruktion, Berechnung und Arbeitsweise.** In Vorbereitung.

Ankerwicklungen für Gleich- und Wechselstrommaschinen. Ein Lehrbuch. Von Prof. **Rudolf Richter** (Karlsruhe). Mit 377 Textabbildungen. 1920.　　　　Gebunden Preis M. 78.—

Die Hochspannungs-Gleichstrommaschine. Eine grundlegende Theorie. Von Elektroingenieur Dr. **A. Bolliger** in Zürich. Mit 53 Textfiguren. 1921.　　　　Preis M. 18.—

Die Berechnung von Gleich- und Wechselstromsystemen. Neue Gesetze über ihre Leistungsaufnahme. Von Dr.-Ing. **Fr. Natalis.** Mit 19 Textfiguren. 1920.　　　　Preis M. 6.—

Die symbolische Methode zur Lösung von Wechselstromaufgaben. Einführung in den praktischen Gebrauch. Von **Hugo Ring,** Ingenieur der Firma Blohm & Voß (Hamburg). Mit 33 Textfiguren. 1921.
Preis M. 12.—

Die Transformatoren. Von Dr. techn. **Milan Vidmar,** ord. Professor der Universität Ljubljana, Direktor der Maschinenfabriken und Gießereien A.-G. Ljubljana. Mit 297 Textabbildungen. 1921.
Preis M. 110.—; gebunden M. 120.—

Die Berechnung der Anlaß- und Regelwiderstände. Von Ingenieur **Erich Jasse.** Mit 65 Textabbildungen. 1921.　　Preis M. 27.—

Elektrotechnische Meßkunde. Von Dr.-Ing. **P. B. A. Linker.** Dritte, völlig umgearbeitete und erweiterte Auflage. Mit 408 Textfiguren. Unveränderter Neudruck.　　　　Erscheint Ende Frühjahr 1922

Messungen an elektrischen Maschinen. Apparate, Instrumente, Methoden, Schaltungen. Von **Rud. Krause.** Vierte, gänzlich umgearbeitete Auflage. Von **Georg Jahn,** Ingenieur. Mit 256 Textfiguren und einer Tafel. 1920.　　　　Gebunden Preis M. 28.—